U0394983

“十三五”国家重点图书出版规划项目
中国特色畜禽遗传资源保护与利用丛书

滇南小耳猪

刘建平　严达伟　主编

中国农业出版社
北　京

本书编写人员

主　编　刘建平　严达伟

副主编　董新星　李明丽　马　黎　邹建华　于福清

编　者　（按姓氏笔画排序）

于福清　马　黎　王孝义　邓祖洪　古　励

刘建平　严达伟　张　伟　李　清　李明丽

邹建华　张　浩　陈　强　罗忠杨　波　内

胡建伟　贺　刚　袁跃云　高　翔　黄晓老

董新星　鲁绍雄

审　稿　潘玉春

出版说明

我国是世界上畜禽遗传资源最为丰富的国家之一。多样化的地理生态环境、长期的自然选择和人工选育，造就了众多体型外貌各异、经济性状各具特色的畜禽遗传资源。入选《中国畜禽遗传资源志》的地方畜禽品种达 500 多个、自主培育品种达 100 多个，保护、利用好我国畜禽遗传资源是一项宏伟的事业。

国以农为本，农以种为先。习近平总书记高度重视种业的安全与发展问题，曾在多个场合反复强调，“要下决心把民族种业搞上去，抓紧培育具有自主知识产权的优良品种，从源头上保障国家粮食安全”。近年来，我国畜禽遗传资源保护与利用工作加快推进，成效斐然：完成了新中国成立以来第二次全国畜禽遗传资源调查；颁布实施了《中华人民共和国畜牧法》及配套规章；发布了国家级、省级畜禽遗传资源保护名录；资源保护条件能力建设不断提升，支持建设了一大批保种场、保护区和基因库；种质创制推陈出新，培育出一批生产性能优越、市场广泛认可的畜禽新品种和配套系，取得了显著的经济效益和社会效益，为畜牧业发展和农牧民脱贫增收作出了重要贡献。然而，目前我国系统、全面地介绍单一地方畜禽遗传资源的出版物极少，这与我国作为世界畜禽遗传资源大国的地位极不相称，不利于优良地方畜禽遗传资源的合理保护和科学开发利用，也不利于加快推进现代畜禽种业建设。

为普及对畜禽遗传资源保护与开发利用的技术指导，助力做大做强优势特色畜牧产业，抢占种质科技的战略制高点，在农业农村部种业管理司领导下，由全国畜牧总站策划、中国农业出版社出版了这套“中国特色畜禽遗传资源保护与利用丛书”。该丛书立足于全国畜禽遗传资源保护与利用工作的宏观布局，组织以国家畜禽遗传资源委员会专家、各地方畜禽品种保护与利用从业专家为主体的作者队伍，以每个畜禽品种作为独立分册，收集汇编了各品种在管、产、学、研、用等相关行业中积累形成的数据和资料，集中展现了畜禽遗传资源领域最新的科技知识、实践经验、技术进展与成果。该丛书覆盖面广、内容丰富、权威性高、实用性强，既可为加强畜禽遗传资源保护、促进资源开发利用、制定产业发展相关规划等提供科学依据，也可作为广大畜牧从业者、科研教学工作者的作业指导书和参考工具书，学术与实用价值兼备。

丛书编委会

2019 年 12 月

序言

我国是世界畜禽遗传资源大国，具有数量众多、各具特色的畜禽遗传资源。这些丰富的畜禽遗传资源是畜禽育种事业和畜牧业持续健康发展的物质基础，是国家食物安全和经济产业安全的重要保障。

随着经济社会的发展，人们对畜禽遗传资源认识的深入，特色畜禽遗传资源的保护与开发利用日益受到国家重视和全社会关注。切实做好畜禽遗传资源保护与利用，进一步发挥我国特色畜禽遗传资源在育种事业和畜牧业生产中的作用，还需要科学系统的技术支持。

“中国特色畜禽遗传资源保护与利用丛书”是一套系统总结、翔实阐述我国优良畜禽遗传资源的科技著作。丛书选取一批特性突出、研究深入、开发成效明显、对促进地方经济发展意义重大的地方畜禽品种和自主培育品种，以每个品种作为独立分册，系统全面地介绍了品种的历史渊源、特征特性、保种选育、营养需要、饲养管理、疫病防治、利用开发、品牌建设等内容，有些品种还附录了相关标准与技术规范、产业化开发模式等资料。丛书可为大专院校、科研单位和畜牧从业者提供有益学习和参考，对于进一步加强畜禽遗传资源保护，促进资源可持续利用，加快现代畜禽种业建设，助力特色畜牧业发展等都具有重要价值。

中国科学院院士
中国农业大学教授

2019年12月

前言

猪种资源是大自然的馈赠和祖先留给我们的珍贵遗产，是养猪业可持续发展的种质基础和育种创新的重要战略资源，也是满足多元化、优质化市场需求的猪种保障。云南省特殊的地理、气候环境和少数民族多样的养殖、肉食消费习俗，形成了丰富、各具特色的地方猪种资源。

滇南小耳猪属华南型猪种，1959 年中国科学院热带生物资源综合考察队首次到云南省勐腊县考察，将生长在勐腊县的地方猪名称暂定为勐腊猪，1976 年《中国猪品种志》将其收录并定名为滇南小耳猪。

滇南小耳猪具有耐近交、早熟易肥、皮薄骨细、肉质细嫩等种质特性，能适应热带、亚热带炎热潮湿环境，主要分布于云南省北纬 25°以南的西双版纳、德宏、临沧、普洱、红河、文山、玉溪共 7 个州（市）。发展滇南小耳猪养殖，对充分利用地方饲料资源、发展高原特色优质肉猪生产、满足多元化的市场需求具有重要意义。

作为“中国特色畜禽遗传资源保护与利用丛书”的分册，本书系统介绍了滇南小耳猪的品种来源、特征特性、繁育保护、营养需要、饲养管理、疫病防控、场建环控、开发利用与品牌建设等内容，以期全面呈现滇南小耳猪历史和现状，希望能为农业院校、科研单位和生产推广单位提供参考，促进滇南小耳猪的开发和利用，助力云南省高原特色养猪业发展。

本书在编写过程中，全国畜牧总站、国家畜禽遗传资源委员会猪专业委员会专家对书稿进行了仔细审阅并提出了宝贵的修改意见，在此谨向所有关心和支持本书编写、出版的领导、专家和学者致以衷心的感谢！此外，本书参考了大量著作和文献，也一并向原作者表示诚挚的感谢！

本书写作团队是云南农业大学、西双版纳州农业农村局等单位长期从事滇南小耳猪研发、生产、管理和推广的中青年科技人员。尽管我们力图全面、系统地再现滇南小耳猪这一优秀猪种资源的历史、演变和发展，翔实承载其最新现状，但由于水平有限，书中难免有错漏和不妥之处，恳请各位同行、专家和广大读者批评指正。

编　者

2019年8月

目录

第一章 滇南小耳猪品种起源与形成过程

第一节 产区自然生态条件

一、原产地及目前分布范围

滇南小耳猪，俗称冬瓜猪、小耳猪、勐腊猪，属华南型猪种，原产于北纬21°08′—24°26′、东经97°31′—106°11′的云南省西双版纳傣族自治州、德宏傣族景颇族自治州、临沧市、普洱市、玉溪市（元江县、新平县、峨山县）、红河哈尼族彝族自治州、文山壮族苗族自治州7个自治州（市），为海拔1 500 m以下的低海拔地区；中心产区为西双版纳傣族自治州。

二、产区自然生态条件

（一）地理位置

滇南小耳猪分布于云南省7个自治州（市）的42个县（市、区），东至文山壮族苗族自治州富宁县，西至德宏傣族景颇族自治州瑞丽市，南至西双版纳傣族自治州勐腊县，北至德宏傣族景颇族自治州盈江县。

（二）地形地貌

滇南小耳猪产区位于云南南部的云贵高原，西高而东低，大部分地区海拔1 000～1 500 m。在滇南小耳猪产区的高原山地之中，断陷盆地星罗棋布。在云南省，这些盆地又称“坝子”。坝子的土地较平坦、土质肥沃、可耕地面积大、水利条件好、农业较发达，是古代农业经济发展较好的地区。在历史发展过程中，这些坝子大多成为当地的政治、经济、文化中心。滇南小耳猪产区河网密布，分属伊洛瓦底江、怒江、澜沧江、金沙江、红河和珠江六大水系，其集水面积达到 323 953 km^2，占云南省总面积的 82.22%。其中，澜沧江 1 227 km，集水面积 88 574 km^2。

（三）气候

滇南小耳猪产区内有多种气候类型，德宏州属于南亚热带季风气候，西双版纳傣族州属于热带季风雨林气候，临沧市属亚热带低纬度高原山地季风气候，普洱市和玉溪市属于亚热带季风气候，红河州属于低纬度亚热带高原型湿润季风气候，文山州大部分地区为亚热带气候。产区均处于北回归线附近，纬度较低，东北方及北方有高黎贡山、哀牢山、无量山等作为屏障，挡住西伯利亚南下的干冷气流入境，夏季受印度洋的西南季风和太平洋东南气流的影响，形成了高温多雨、干湿两季分明而四季不明显的气候特征。

1. 年温差小　年无四季之别，冬无严寒，夏无酷暑，雨量充沛，雨热同期，干冷同季，年温差小，日温差大，霜期短、霜日少。具有既不受寒潮的直接威胁，又不受台风袭击的优越气候特征。属于热带气候，兼有大陆性和海洋性特点的山地气候。垂直变异与山地逆温并存。低海拔地区炎热，高海拔地区凉爽。由于海拔高低悬殊，故有“山高一丈，大不一样”和“十里不同天”的立体气候特征。

2. 干湿两季分明　每年 5—10 月为雨季，雨量充沛，雨季雨量占全年雨量的 83%～86%，其中连续降雨强度大的时间主要集中于 6—8 月，且具有时空地域分布极不均匀的特点。冬春晴朗干燥，每年 11 月至次年 4 月为干季，降水量仅占全年的 14%～17%，尤其是 2—3 月最为突出。

（四）植被

滇南小耳猪产区是全国生物多样性最丰富的地区之一，如西双版纳州有 6 个自然保护区，红河州有 7 个自然保护区（其中 3 个为国家级自然保护区），临沧市有 5 个自然保护区（其中 2 个为国家级自然保护区），普洱市有 4 个自然保护区。滇南小耳猪产区内有国家重点保护野生植物百余种，珍稀植物千余种，包括苏铁、金花茶、秃杉、望天树、版纳青梅、云南肉豆蔻、西南紫薇、铁力木、云南石梓等。产区内植被呈垂直带状分布特征，植物种类繁多，主要树种有云南松、思茅松、麻栎、桤木、华山松等，是云南省重点林区、重要的商品用材林基地和林产工业基地。不同的气候带植被不同：在热带、北亚热带季风气候，主要植被为龙脑香、阿萨姆娑罗双、柚木、美登木、竹类等；在亚热带，主要植被为阔叶林，以红椎、栎类、栲类、木荷、红椿、楠木、柚木、油茶、松树等为主；在温暖带，主要植被为常绿阔叶林、杉木、松树、油茶、核桃等；在温带山地，植被为铁杉、高山栎、杜鹃灌木丛等。其中，西双版纳州众多的植物种属相互交错生长，形成了热带雨林、热带季雨林、亚热带常绿阔叶林、苔藓常绿阔叶林、南亚热带针叶阔叶混交林、竹木混交林、灌木林等复杂多样的植被景观。

（五）物产

滇南小耳猪产区物产资源丰富，水土肥美，森林茂密，河流纵横，独特的地理环境和优越的气象条件造就了丰富的动物、植物、矿藏及水资源。

滇南小耳猪产区内动物多样性非常丰富，是云南“动物王国”的缩影，具有百余种国家一级重点保护野生动物，几百种国家二级重点保护野生动物和省级重点保护野生动物。滇南小耳猪产区矿产资源具有产地多、矿种全、开发条件好的特点；降水充沛，河流纵横，有大小河流 1 000 多条，落差较大，蕴藏着丰富的水能资源，是国家重要的“西电东送”“云电外送”水电能源基地；太阳能资源和风能资源也较丰富，正处于积极开发利用阶段。

第二节 品种形成的历史过程

一、品种起源

美丽富饶的西双版纳州有“动物王国”之称，丰富多彩的畜禽品种在畜牧业生产中有着悠久的历史。在古老的原始森林里有许多珍贵稀有的野生动物，如野象、野牛、虎、熊、野猪、孔雀、野鸡等。西双版纳州世世代代居住着傣族、哈尼族、布朗族等 13 个民族，这些民族驯化了本地野猪，当地群众历来就有养猪并选留公、母猪的习惯。由于当地群众无专门饲养公猪的习惯，多用母猪自产的小公猪自由交配，长期近亲繁殖、选育，因此形成了滇南小耳猪，从东汉至今已将近 2 000 年的历史。1959 年中国科学院热带生物资源综合考察队畜牧资源调查组首次到勐腊县考察，并将生长在勐腊县的地方猪种暂定名为勐腊猪。1976年《中国猪种》收录了这一地方品种，并正式将勐腊猪定名为滇南小耳猪。滇南小耳猪于1986年被录入《中国猪品种志》，1987年被录入《云南省家畜家禽品种志》，1993年被农业部（第29号公告）列为国家二类保护品种，2000年、2006年、2014年被列入《国家级畜禽遗传资源保护名录》，2009年被列入《云南省省级畜禽遗传保护名录》。2008年西双版纳州种猪场被农业部认定为国家级滇南小耳猪保种场。2011年滇南小耳猪被云南省农业厅评为云南省“六大名猪”。

二、数量

1991年、2006年、2010年和2015年，西双版纳州滇南小耳猪存栏量分别为16万头、9万头、8万头和10万头。

三、分布范围变迁

滇南小耳猪原产于云南省北纬25°以南的热带、亚热带地区，中心产区为西双版纳州；主要分布于西双版纳傣族自治州勐腊县、勐海县、景洪市；德宏傣族景颇族自治州芒市、瑞丽市、陇川县、盈江县、梁河县；临沧市临翔区、凤庆县、云县、永德县、耿马傣族佤族自治县、沧源佤族自治县、双江拉祜族佤族布朗族傣族自治县、镇康县；普洱市镇沅彝族哈尼族拉祜族自治县、宁洱哈尼族彝族自治县、景东彝族自治县、景谷傣族彝族自治县、墨江哈尼族自治县、澜沧拉祜族自治县、江城哈尼族彝族自治县、孟连傣族拉祜族佤族自治县、西盟佤族自治县；红河哈尼族彝族自治州红河县、元阳县、金平苗族瑶族傣族自治县、绿春县、河口瑶族自治县、屏边苗族自治县、弥勒市；文山壮族苗族自治州西畴县、麻栗坡县、马关县、文山市、砚山县、丘北县、广南县、富宁县；玉溪市元江哈尼族彝族傣族自治县、新平彝族傣族自治县，共7个州（市）42个县（市、区）。在20世纪80年代以前，产区农村地区广泛饲养，且为主要养殖品种，养殖方式以放牧为主，管理比较粗放，猪群每日早出晚归，自由采食野外食物，傍晚回来补饲一次，日粮主要以野芭蕉秆、甘薯藤、米糠、玉米为主。20世纪90年代后，由于生活、生产方式转变和受外来良种猪推广的影响，坝区粮食主产区乡镇村寨主要以养殖杂交猪为主，滇南小耳猪主要在经济、交通发展相对落后的山区和半山区乡镇村寨养殖。以西双版纳州为例，其养殖范围主要分布在景洪市的景哈乡、嘎洒镇、勐龙镇、基诺乡、勐旺乡，勐海县的格朗和乡、布朗山乡、勐宋乡、西定乡、勐往镇，勐腊县的易武镇、象明乡、瑶区乡、勐伴镇、关累镇等边远山区村寨。

第二章 滇南小耳猪品种特征和性能

第一节 体型外貌

滇南小耳猪全身被毛较稀，毛色全黑，少数有“六白”或“不完全六白”特征，即前额、尾尖、四肢系部以下为白毛；成年公、母猪均有鬃毛。头小清秀，耳小竖立。额部皱纹较少且多为纵纹，嘴筒略长，呈圆锥状。颈短粗。腹大不下垂。背腰平直，少数微凹。腿臀丰满。尾根粗，尾尖细、扁，尾尖毛呈扇形。四肢细小直立，蹄小、坚实。乳头数 5～6 对。

公、母猪的平均体重体尺见表 2-1。

表 2-1 滇南小耳猪公、母猪的体重和体尺

性别	初生重（kg）	21 日龄重（kg）	42 日龄断奶重（kg）	6 月龄体重（kg）	成年体重（kg）	体长（cm）	胸围（cm）	体高（cm）
公	0.68±0.11	2.94±0.86	6.10±1.05	30.12±3.24	48.81±11.68	91.18±16.39	84.99±12.56	50.96±6.72
母	0.67±0.10	3.14±0.89	5.60±1.24	37.56±5.09	49.69±14.43	90.66±16.03	84.51±12.73	51.09±7.23

第二节 生物学习性

一、种猪性成熟期

公猪性成熟期为 1.5～2.5 月龄，初配年龄为 5～6 月龄，利用年限为 3 年；母猪初情期为 3～5 月龄，发情周期为 18～20d，适配年龄为 5～6 月龄，利用年限为 4 年。

二、母猪繁殖性能

初产猪指第一胎的母猪，二胎及以上胎次为经产母猪。初产母猪产仔数和产活仔数分别为（7.70±1.61）头和（7.52±1.87）头；初生个体重和初生窝重分别为（0.67±0.14）kg 和（4.93±1.21）kg。经产母猪产仔数和产活仔数分别为 10.12 头（3～17 头）和 9.91 头（3～16 头）；初生个体重、初生窝重分别为 0.68 kg（0.30～1.80 kg）和 6.57 kg（2.50～10.55 kg）。经产猪产仔数、活仔数、初生个体重和初生窝重分别比初产猪提高 31.43%、36.88%、1.49%和 33.27%（表 2－2）。

表 2－2　滇南小耳母猪繁殖性状

项目		统计窝数	Mean±SD	C.V	范围	经产比初产提高的百分率（%）
总产仔数（头）	初产	138	7.7±1.94	25.22	3.00～13.00	31.43
	经产	573	10.12±2.27	21.59	3.00～17.00	
产活仔数（头）	初产	138	7.25±1.87	24.93	3.00～13.00	36.68
	经产	572	9.91±2.14	21.59	3.00～16.00	
初生个体重（kg）	初产	138	0.67±0.14	21.52	0.35～1.10	1.49
	经产	572	0.68±0.14	20.58	0.30～1.80	
初生窝重（kg）	初产	138	4.93±1.21	24.62	2.00～8.20	33.27
	经产	572	6.57±1.48	22.52	2.50～10.55	
20 d 泌乳力（kg）	初产	99	17.3±5.77	33.29	3.70～30.00	26.77
	经产	419	21.9±5.21	23.71	6.10～36.50	
断奶仔猪数（头）	初产	124	6.18±1.87	30.35	2.00～10.00	21.19
	经产	535	7.49±1.61	21.49	2.00～11.00	
断奶个体重（kg）	初产	124	5.51±1.97	35.84	1.20～13.00	13.97
	经产	535	6.28±1.82	28.98	1.50～14.00	
断奶窝重（kg）	初产	124	34.9±13.10	37.55	9.70～68.50	30.18
	经产	535	45.4±12.94	28.49	12.50～94.50	

初产、经产母猪 20 日龄泌乳力分别为 17.33 kg 和 21.97 kg，经产猪比初产猪提高了 26.77%。

初产、经产猪断奶仔猪育成数分别为 6.18 头和 7.49 头，经产猪比初产猪提高了 21.20%；断奶个体重初产、经产母猪分别为 5.51 kg 和 6.28 kg，经产猪比初产猪提高了 13.97%；断奶窝重初产、经产猪分别为 34.89 kg 和 45.42 kg，经产猪比初产猪提高了 30.18%。滇南小耳猪的断奶个体重和断奶窝重的变异幅度较大，改善营养水平和加强仔猪疾病的防治，滇南小耳猪的体重和窝重性能会有较大提高。

经产猪各胎的产仔数和产活仔数均高于初产猪。随着胎次的递增，产仔数有逐渐升高趋势，第 9 胎每窝产仔数达到了 12.44 头；第 10 胎稍有下降，但仍高于 2～4 胎，产活仔数的变化规律与产仔数基本一致。各胎的成活率均在 96%以上。各胎间初生个体重差异不大，但变异较大，小的个体重仅 0.3 kg，最大个体重达 1.8 kg。经产母猪所产仔猪初生窝重均高于初产猪，第 9 胎高达 7.9 kg。

第 1～9 胎 20 日龄泌乳力分别为 17.33 kg、20.71 kg、21.54 kg、22.74 kg、21.64 kg、21.92 kg、23.80 kg、22.90 kg 和 23.42 kg。20 日龄的个体重是初生重的 3.93～4.54 倍，泌乳力是初生窝重的 3 倍以上。

各胎断奶哺乳率为 67.75%～83.49%。断奶窝重随胎次增加有所提高，1～9 胎的断奶窝重分别为 34.84 kg、40.90 kg、42.53 kg、45.12 kg、45.30 kg、46.55 kg、47.86 kg、47.94 kg 和 48.89 kg，为初生窝重的 6.53～7.65 倍。由上看出，经产猪 4～9 胎的断奶窝重较高。

据 710 窝 1～10 胎产仔数 7 头以上者所占各胎比例的统计结果如表 2-3 所示，每胎产仔数 7 头以上者随着胎次的增加，亦相应增高，其中每胎产仔 7～9 头者随胎次的增加产仔数所占本胎的百分比下降，而产仔数在 10 头以上者随胎次的增加，其产仔数所占本胎的比例有上升的趋势。

表 2-3　滇南小耳猪不同胎次繁殖性能

胎次	窝数	总产仔数（头）		产活仔数（头）		个体重（kg）		窝重（kg）		成活率（%）
		Mean±SD	C. V	Mean±SD	C. V	Mean±SD	C. V	Mean±SD	C. V	
1	138	7.70±1.61	25.19	7.52±1.87	24.86	0.67±0.14	21.52	4.93±1.21	24.62	97.66
2	137	8.53±1.73	20.28	8.42±1.60	19.00	0.72±0.15	20.17	5.90±1.27	21.64	98.71
3	113	9.42±2.02	21.44	9.19±1.95	21.21	0.71±0.14	20.77	6.32±1.51	23.90	97.56
4	107	9.37±2.25	24.01	9.19±2.13	23.17	0.68±0.14	20.78	5.90±1.42	24.08	98.08
5	71	10.19±2.34	22.96	9.86±2.00	20.28	0.73±0.15	21.45	6.88±1.52	23.28	96.76

（续）

胎次	窝数	总产仔数（头）		产活仔数（头）		个体重（kg）		窝重（kg）		成活率（%）
		Mean±SD	C. V	Mean±SD	C. V	Mean±SD	C. V	Mean±SD	C. V	
6	66	10.65±2.35	22.06	10.39±2.27	21.84	0.65±0.13	19.85	6.44±1.39	21.64	97.56
7	45	10.29±2.37	23.03	10.11±2.22	21.95	0.70±0.14	20.40	7.33±1.77	24.22	98.25
8	18	10.56±2.31	21.87	10.39±2.14	20.59	0.66±0.12	18.73	6.50±1.33	20.60	98.39
9	10	12.44±2.78	22.34	12.00±2.64	22.00	0.65±0.23	35.63	7.90±1.52	19.28	96.46
10	5	9.60±2.3s0	23.95	9.60±2.30	23.95	0.66±0.08	12.81	6.00±1.58	26.35	100.0

据651窝统计（表2-4），产活仔数在8头以下的母猪所产仔猪初生体重较大，均在0.70kg以上，但窝重较轻；产活仔数在9头以上时，随着产活仔数增多，初生个体重逐渐减轻，而初生窝重逐渐增加，表明产活仔数与初生个体重呈负相关，与初生窝重呈正相关。

表2-4　产仔数与初生体重和窝重关系

产仔数	统计窝数	初生个体重（kg）		初生窝重（kg）		范围
		Mean±SD	C. V	Mean±SD	C. V	
4	10	0.71±0.17	19.64	2.80±0.42	15.05	2.20～3.35
5	22	0.77±0.14	18.90	3.81±0.73	19.18	2.60～5.00
6	44	0.73±0.14	19.55	4.34±0.79	18.33	3.10～6.00
7	80	0.70±0.14	19.12	4.97±0.86	17.40	2.95～6.95
8	132	0.71±0.14	20.37	5.65±0.94	16.66	3.40～8.40
9	110	0.68±0.15	21.88	6.00±1.08	18.02	4.10～8.25
10	133	0.69±0.14	20.07	6.77±1.00	14.77	4.10～9.35
11	52	0.69±0.14	19.58	7.34±1.07	14.59	4.60～9.70
12	30	0.66±0.14	20.83	7.76±1.02	13.16	5.55～9.70
13	20	0.65±0.13	21.22	8.25±1.16	14.11	6.00～10.55
14	8	0.64±0.13	19.75	8.50±0.93	10.39	7.30～9.70
15	7	0.59±0.16	26.28	8.86±2.03	22.98	5.85～10.50
16	3	0.58±0.11	19.03	8.66±0.58	6.66	8.30～9.40

妊娠期为114d，即3个月+3星期+3d，多数母猪在妊娠至113～116d内产仔，其变度为108～120d；预产期测定：月+4、日−9，月份不够减则月+3、日+30−6。适配年龄为5～6月龄。

滇南小耳猪母猪初产总产仔数平均为7.3头，产活仔数平均为6.9头、断奶仔猪数平均为6.6头；母猪经产总仔数平均为9.2头，产活仔数平均为8.8头、断奶仔猪数平均为7.3头。滇南小耳猪产仔数在4胎前接近10头，5～9胎在10头以上，高者达17头。据3 291头仔猪乳头数统计数据，滇南小耳猪乳头数为4～5对，平均为5对，其中5对者占94.53%。由此看出，滇南小耳猪虽然产仔数达10头以上，并呈现随着胎次的增加产仔数亦相应增多的趋势。但因乳头数的限制，各乳头的泌乳量多寡不一，以及少量瞎乳头、副乳头、小乳头等无效乳头的存在，除非采取寄养或人工哺育等措施，是难以哺育10头以上的仔猪成活。

第三节　生产性能

一、育肥性能

滇南小耳猪在12.55 MJ/kg可消化能、13%～14%粗蛋白质配合饲料饲喂时，8～60 kg的生长育肥猪平均日增重为234 g，料重比为3.9∶1。

不同性别仔猪初生重相基本接近，20日龄时公猪个体重稍高于母猪，公、母猪体重分别为初生时的4.08倍和4.07倍。60日龄时母猪体重大于公猪，公、母猪分别为初生时的8.86倍和8.49倍。初生至20日龄日增重公、母猪相近，20～60日龄时仔母猪日增重略高于仔公猪。20日龄时仔公猪、仔母猪的相对增长率分别为122.22%和121.11%。60日龄时仔猪的生长速度均低于初生至20日龄的增重速度，且仔母猪的相对增长高于同龄公猪。

二、屠宰性能

滇南小耳猪具有早熟易肥、后腿丰满、皮薄骨细等特点。在体重50～60 kg屠宰时，平均屠宰率为67.5%、皮厚为3.8 mm、背膘厚为34 mm、腿臀比例为24.8%、眼肌面积为12.5 cm^2、瘦肉率为39.5%。在30 kg和80 kg屠宰时，屠宰率分别为70.08%和75.51%，后者比前者提高了5.43%（$P<0.01$）；80 kg时瘦肉率下降了6.91%（$P<0.01$）；脂肪提高了5.64%（$P<0.01$）；皮和骨骼的变化没有显著差异。随着屠宰体重的增加，滇南小耳猪的屠宰率有所增加，胴体瘦肉率有所下降，脂肪率有上升的趋势，皮、骨则变化

不明显。不同体重胴体性能见表 2-5。

表 2-5　不同体重滇南小耳猪胴体性能

屠宰体重（kg）		29.23±1.06	39.50±0.39	50.50±1.07	60.05±0.28	70.30±0.26	80.06±1.57
头数		4	4	4	50	15	10
胴体长（cm）		45.53±0.59	50.34±0.76	55.40±0.74	59.39±0.31	59.91±0.40	62.30±1.03
6～7 肋膘厚（cm）		3.29±0.14	4.40±0.37	4.70±0.33	4.49±0.08	5.59±0.17	6.97±0.19
平均膘厚（cm）		2.93±0.13	3.75±0.15	3.85±0.12	4.03±0.06	5.13±0.06	5.31±0.48
眼肌面积（cm^2）		10.48±0.76	12.93±0.55	13.31±0.77	14.41±0.29	15.34±0.34	15.97±0.48
皮厚（cm）		0.15±0.01	0.20±0.01	0.24±0.01	0.24±0.10	0.24±0.02	0.25±0.01
屠宰率（%）		70.08±1.05	71.78±1.03	12.66±0.27	73.67±0.29	74.34±0.26	75.51±0.81
后腿比例（%）		25.32±0.83	25.41±0.66	25.80±0.74	27.84±0.18	26.70±0.02	25.52±0.64
胴体分离比（%）	瘦肉	41.11±0.69	40.90±0.51	37.80±0.39	35.53±0.46	34.04±0.18	34.20±1.88
	脂肪	45.40±1.02	46.68±0.59	49.28±0.11	52.74±0.66	53.68±0.25	51.04±1.10
	皮	6.10±0.17	6.11±0.09	6.65±0.29	6.49±0.33	6.53±0.27	6.42±0.11
	骨骼	7.08±0.44	6.30±0.19	6.03±0.16	5.56±0.19	5.63±0.16	5.32±0.28

三、肉质性状

肌肉 pH_1 为 6.20～6.50，pH_{24} 为 5.60～6.00；肉色评分（5 分制）为 3.0～4.0 分；大理石纹评分（5 分制）为 3.0～4.0 分；滴水损失平均为 3.0%；平均肌内脂肪含量为 6.0%。具体的脂肪酸含量见表 2-6，氨基酸含量见表 2-7。

表 2-6　滇南小耳猪肌内脂肪的脂肪酸含量（%）

脂肪酸类别	含量
辛酸（C8：0）	0.020 9±0.001 1
癸酸（C10：0）	0.114 5±0.004 6
十二酸（C12：0）	0.106 5±0.004 6
十四酸（C14：0）	1.969 4±0.050 9
十五酸（C15：0）	0.108 9±0.006 0
十六酸（C16：0）	22.042 4±0.238 6

（续）

脂肪酸类别	含量
十七酸（C17：0）	0.402 94±0.017 2
十八酸（C18：0）	17.799 4±0.474 1
十九酸（C19：0）	0.187 7±0.008 5
二十酸（C20：0）	0.492 9±0.022 9
饱和脂肪酸（SFA）	43.245 6±0.848 6
十六碳一烯酸（C16：1*n*～14）	3.195 9±0.172 9
十七碳一烯酸（C17：1*n*～7）	0.301 8±0.011 0
油酸（C18：1*n*～9）	36.164 5±0.581 9
二十碳一烯酸（C20：1*n*～9）	1.921 8±0.048 2
单不饱和脂肪酸（MUFA）	41.565 9±0.629 6
亚油酸（C18：2*n*～6）	12.745 9±0.469 4
亚麻酸（C18：3*n*～3）	1.031 8±0.100 1
二十碳二烯酸（C20：2*n*～6）	0.940 0±0.313 4
二十碳三烯酸（C20：3*n*～3）	0.181 2±0.007 6
二十碳四烯酸（C20：4*n*～6）	0.378 8±0.015 8
多不饱和脂肪酸（PUFA）	15.277 7±0.552 1
不饱和脂肪酸（UFA）	56.858 1±0.518 7

表 2-7　滇南小耳猪肌内氨基酸含量（%）

氨基酸类别	含量
酪氨酸（Tyr）	0.60±0.03
组氨酸（His）	0.81±0.10
精氨酸（Arg）	1.16±0.11
脯氨酸（Pro）	0.64±0.02
缬氨酸（Val）	0.91±0.09
蛋氨酸（Met）	0.46±0.08
异亮氨酸（Ile）	0.84±0.07
亮氨酸（Leu）	1.46±0.12
苏氨酸（Thr）	0.82±0.08
苯丙氨酸（Phe）	0.74±0.06
赖氨酸（Lys）	1.66±0.14

四、血液生理生化指标

生理生化指标检测及相关生物特性的研究是试验用小型猪标准化研究的基本内容。近年来多家研究单位对小型猪的培育及生物学特性的研究都很重视，已进行了藏猪、巴马小型猪、五指山小型猪和贵州小型猪的血液生理生化指标的比较研究。滇南小耳猪封闭群小型化选育，它们在原产地长期近亲交配形成封闭群体，其具有耐粗饲、体型小、皮下脂肪少等特点，非常适合外科手术学方面的研究，是较适合用于生物医学研究的动物。滇南小耳猪血液生理生化测定研究为建立云南特有小型猪种群生物学基础数据库，开展云南省小型猪实验动物标准化研究和制定试验用小型猪的地方标准奠定基础，为推动云南省生命科学、生物医药产业、经济发展和科技创新服务。

李波（2011）等用常规方法检测滇南小耳猪 18 项血液生理指标、30 项血液生化指标，统计各指标间的性别差异及两年龄段同类指标的对比分析。结果显示：性别间绝大多数血液生理与生化指标差异不显著。3～6 月龄时，性别间血液生理与生化各指标差异均无显著差异（$P>0.05$）；8～12 月龄血液生理公母间 HGB、RBC、HCT 和 MONO 有显著差异（$P<0.05$），公母间血液生化指标 ALT、TBA、CHO、TG、LDL－C、APOB 和 CL 有显著差异（$P<0.05$）；两个年龄组及不同性别合并比较，WBC、PLT、MPV、LY、MCHC、NEUT%和 NEUT 7 项生理指标有显著差异（$P<0.05$）；ALB、UREA、HDL－C、GLU、APOA 和 FE 6 项生化指标有显著差异（$P<0.05$）。30 项血液生化指标公母间差异无统计学意义（$P>0.05$）；血液生理 18 项指标公母间比较差异无统计学意义（$P>0.05$）；在 30 项血液生化指标中，丙氨酸氨基转移酶（ALT）公猪显著高于母猪，总胆汁酸（TBA）、总胆固醇（CHO）、甘油三酯（TG）、低密度脂蛋白胆固醇（LDL－C）、氯（Cl）和载脂蛋白 B（APOB）6 项指标为母猪显著高于公猪（$P<0.05$），其余 23 项指标差异无统计学意义（$P>0.05$）；在 18 项血液生理指标中，5 项指标有显著性差异，血红蛋白（HGB）、红细胞数（RBC）、红细胞压积（HCT）、单核细胞百分率（MONO%）和单核细胞（MONO）母猪显著高于公猪（$P<0.05$），其余 13 项指标无显著性差异（$P>0.05$），说明滇南小耳猪两个年龄段之间，以及性别之间部分血液生理生化指标存在明显差异，可为滇南小耳猪的标准化研究和相关试验研究提供基础资料和数据。

聂龙（1995）等采用水平板淀粉凝胶电泳技术研究滇南小耳猪的蛋白质多态性，发现其基因型和基因频率大部分相似（表 2-8）。只有 Tf、Hp、EsD、Amy-1、CEs 和 6PGD 共 6 个座位具有多态性；多态座位百分比和平均杂合度分别为 $P=0.0714$，$H=0.051$。

表 2-8　滇南小耳猪血液蛋白基因型和基因频率

血液蛋白	基因型	基因型频率	基因	基因频率
Amy-1	AB	0.33	A	0.166 7
	BB	0.67	B	0.833 3
	AC	0	C	0
6PGD	AA	0.67	A	0.67
	BB	0.33	B	0.33
	AB	0		
EsD	AA	0.33	A	0.5
	BB	0.33	B	0.5
	AB	0.33		
CEs	AA	1	A	1
	AB	0	B	0
Tf	AB	0.67	A	0.25
	BB	0.33	B	0.75
Hp	2～3	0.67	2	0.67
	3～3	0.33	3	0.33

五、公猪阴囊疝基因的消除

猪的阴囊疝是一些猪种普遍发生的一种遗传疾患，会直接降低种猪的种用价值，影响仔猪的生长发育，少数还可造成死亡，给管理带来诸多麻烦，因此，阴囊疝一直受到育种工作者的重视。

1981—1983 年，闭锁选育的滇南小耳猪群体阴囊疝基因频率和基因型频率表明，通过表型淘汰产过阴囊疝的公、母猪家系后，阴囊疝发生不仅没有降低，反而有上升趋势，基因频率分别为 0.14、0.24 和 0.27，基因型频率分别为 0.019 6、0.057 6 和 0.073 9。

以后用产过阴囊疝仔猪的公、母猪互配 54 头次，生产公仔猪 241 头，其中阴囊疝仔猪28头，表型正常与患猪的比例为8.64∶1。由此，假设阴囊疝的遗传模式不是受一对基因支配，而可能受两对重叠隐性基因支配，据此，设H代表正常基因，h代表阴囊疝基因，表型正常猪的基因型为H_1－H_2－、H_1－h_2h_2或$h_1h_1H_2$－。而阴囊疝猪的基因型为$h_1h_1h_2h_2$。为此，产过阴囊疝仔猪的公、母猪互配，可能产出表型正常和阴囊疝公仔猪的比例假定如表2－9所示。

表2－9　产过阴囊疝仔猪的公、母互配产出表型正常与患猪的可能比例（%）

母＼公	$H_1H_1H_2H_2$	$h_1h_1H_2$—	H_1—h_2h_2	$h_1h_1h_2h_2$
H_1—H_2	15∶1	7∶1	7∶1	3∶1
$h_1h_1H_2$—	7∶1	3∶1	3∶1	1∶1
H_1—h_2h_2	7∶1	3∶1	3∶1	1∶1
$h_1h_1h_2h_2$	3∶1	1∶1	1∶1	全为患猪

测交公猪采用产过阴囊疝仔猪的母猪与之交配，被测公猪42头。各测交公猪产出阴囊疝公仔猪数占整个公仔猪数的比例分别如下：产出全为表型正常的（28头公猪），占16.67%（有1头公猪），占20.00%（有2头公猪），占25.00%（有3头公猪），占33.33%（有5头公猪），占50.00%（有2头公猪），占57.14%（有2头公猪），占75.00%和100.00%（各有1头公猪）。假定产过阴囊疝仔猪的母猪基因型为H_1－H_2－、H_1－h_2h_2、$h_1h_1H_2$－和$h_1h_1h_2h_2$，则测交公猪的基因型分别为$H_1H_1H_2H_2$、H_1－H_2－、$h_1h_2H_2$－和H_1－h_2h_2。这些基因型可能的组合及其各组合表型正常与患猪的理论比例如表2－10所示。

表2－10　各测交组合产出阴囊疝公仔数的理论比例（%）

母＼公	$H_1H_1H_2H_2$	H_1－H_2－	$h_1h_1H_2$－	H_1－h_2h_2
H_1—H_2	0	6.67	12.28	12.28
$h_1h_1H_2$—	0	12.28	33.33	33.33
H_1—h_2h_2	0	12.28	33.33	33.33
$h_1h_1h_2h_2$	0	25.00	50.00	50.00

除个别公猪产出100%的阴囊疝公仔猪外，实际值与理论值比较，经卡方

检验，差异不显著（$P>0.05$），说明阴囊疝受二对重叠隐性基因支配，证明公猪基因型的假设是成立的。由于阴囊疝受二对重叠隐性基因支配，遗传方式较复杂，加上猪场产过阴囊疝仔猪的母猪有限（仅48头），每头测交公猪与配母猪才达规定的最低要求4～6头。为了彻底消除群体中隐性基因的携带者，又进行了母猪的测交，每世代测交母猪达50～60头。用经过手术的阴囊疝公猪与测交母猪交配，结果产出了各种阴囊疝仔猪的比例分别为20.00%（有3头母猪）、25.00%（有1头母猪）、33.33%（有6头母猪）、50.00%（有4头母猪）、66.67%（有3头母猪），全部为患病猪和全为正常猪的各3头和100头母猪。假定经手术的阴囊疝公猪的基因为 $h_1h_1h_2h_2$，测交母猪的基因型为 $H_1H_1H_2H_2$，H_1-H_2-，$H_1-h_2h_2$，$h_1h_1H_2-$ 和 $h_1h_1h_2h_2$，这些基因型可能组合及各组合表型正常和患猪的理论比例见表2-11。

表2-11　各测交母猪产生阴囊疝仔猪的理论比例（%）

公猪	母猪			
	$H_1H_1H_2H_2$	H_1-H_2-	$H_1-h_2h_2$	$h_1h_1h_2h_2$
h_1h_1	0.00	25.00	50.00	全为患猪

实际值与理论值比较，经卡方检验，差异不显著（$P>0.05$），说明测定母猪基因型假设是成立的，阴囊疝受二对重叠隐性基因支配。

经过公猪3个世代，母猪2个世代测交基本确定了测交公、母猪的基因型，淘汰了产过阴囊疝仔猪的公、母猪，群体阴囊疝仔猪的出现率大大下降。1985年选育群产出公仔猪187头，仅出现2头阴囊疝公仔猪，出现率为1.07%；1986年产出公仔猪196头，无1头阴囊疝公仔猪。

经过产过阴囊疝仔猪的公、母猪互配，以及测交公、母猪产出阴囊疝仔猪的比例的遗传分析，初步判断滇南小耳猪的阴囊疝是遗传疾患，受二对重叠隐性基因支配，这与一些学者报道的结果一致。西双版纳小耳猪过去未曾有过阴囊疝的报道，进行基础群闭锁选育后，阴囊疝出现率愈来愈高，严重危及群体选育进展。为此，在现场条件下，如何开展测交，消除隐性阴囊疝基因携带者、净化群体是亟待解决的问题。在继代选育中，采取一产测交，二产留种是可行的。同时测交公、母猪和连续几代测交，在产过阴囊疝仔猪的母猪有限的情况下，有利于较彻底清除阴囊疝隐性基因的携带者。阴囊疝症状要仔猪出生后，哺乳到一定阶段才出现，小耳猪一般在1月龄到断乳阶段（2月龄）才能较准确判断，因此死胎、生后早期死亡的仔猪就无法判断，这是导致本试验个别组合阴囊疝仔猪比例偏离理论值较大的原因之一，也可能影响对个别测交公、母猪基因型判断的准确性，因此，有必要连续测交几代。

六、经济性状相关基因的研究

（一）生长性状相关基因研究

1. *GH* 基因　生长激素（growth hormone，GH）是猪垂体前叶嗜酸性细胞合成和分泌的一种单链多肽类激素，它具有促使猪的能量代谢转化，促进肌肉生长，减少脂肪合成的作用。国内外学者已经对 *GH* 基因的结构做了大量研究，但对滇南小耳猪的生长激素基因多态性研究尚少。滇南小耳猪是云南地方特有的猪种，因其体型小、半驯化、区域性封闭繁殖及基因纯合度高等品质而备受实验动物学界的关注。采用 PCR－RFLP 技术，对滇南小耳猪种群生长激素基因的基因多态性进行分析，阐明猪的群体遗传结构，初步明确不同基因的基因型效应，以期为今后选育小体型且繁殖性能优良的滇南小耳猪提供分子标记辅助选种依据。

王文君等（2003）对中外猪种 *GH* 基因 ApaⅠ多态位点的检测结果显示，AA 基因型频率都较低，AB 基因型频率较高，中国地方猪种等位基因 A 的频率全部大于 50%，而国外猪种等位基因 A 的频率全部小于 50%。可能国外猪种的体型都较大，中国地方猪种的体型都较小，等位基因 A 的频率在国外猪种中都小于 50%，而在中国猪种中都大于 50%，由此可以初步推断等位基因 A 可能与猪生长速度和体型大小有一定的关联，但这种关联还有待进一步研究证实。按照 Botstein 等提出的标准，滇南小耳猪 *GH* 基因的多态信息含量为 0.362 9，属中度多态位点，下一步可用于进行其与经济性状的关联分析。*GH* 基因的群体杂合度为 0.476 4，这说明本研究所分析的滇南小耳猪在 *GH* 基因的遗传变异上仍较为丰富。何保丽等（2012）采用 PCR－RFLP 技术对滇南小耳猪 *GH* 基因的第 1 内含子＋206 位到第 3 外显子＋711 位间的序列片段多态性进行了检测。结果表明，滇南小耳猪的 AA 基因型频率为 21.74%，AB 基因型频率 78.26%，BB 基因型未检出，BB 基因型频率为 0。A 基因频率为 0.608 7，B 基因频率为 0.391 3。这与国外的研究结果差异较大，原因可能是由于滇南小耳猪与其他猪种明显不同；也可能是由于试验样本含量太小，未反映出其真实的频率。查明恒等（2012）采用 PCR－RFLP 方法对滇南小耳猪 *GH* 基因的 *Apa* Ⅰ酶切位点多态性进行分析，结果检测到 2 种基因型 AA 和 AB，AB 基因型频率较高，没有检测到 BB 基因型，等位基因 A 的基因频率高于等位基因 B，与何保丽等研究结果类似。

2. *MYOZ2* 基因　MYOZ2 是一种肌肉组织特异性表达蛋白，主要在骨骼肌和心肌中表达，可以激活多种肌肉发生相关基因的表达，在肌纤维的分化和发育过程中起重要作用。已有研究表明 calcium/calcineurin/NFAT 信号途径在脊椎动物心血管和骨骼肌的发育中起到至关重要的作用。肌肉生长受复杂的遗传因子调控，包括一系列基因转录水平调控及翻译水平调控，不只是简单的顺式和反式调控系统，而是由各种转录因子以多种方式进行组合。MYOZ2 是钙调神经磷酸酶的一个抑制剂，可以负向调节钙调神经磷酸酶的功能。在 *MYOZ2* 基因敲除的小鼠中，CaN 信号通路的活性显著增强。Wang 等（2015）通过中国地方猪种——滇南小耳猪、藏猪和外来引进猪种——长白猪、大约克夏猪背最长肌组织的 RNA－seq 分析，鉴定了与肌肉生长和脂肪沉积有关的功能基因，主要参与 MAPK、GnRH、胰岛素、钙调信号途径和其他与细胞分化、生长和增殖有关的信号通路，其中包含 *MYOZ2*。大约克夏猪和长白猪背最长肌中 *MYOZ2* 基因表达量显著高于藏猪和滇南小耳猪，从而抑制了 CaN 活性，阻碍了 NFAT 去磷酸化，使 NFAT 无法入核启动慢肌纤维生成程序，而是启动快肌纤维生成程序，使快肌纤维数量增加，从而使大约克夏猪和长白猪表现出快速生长；藏猪和滇南小耳猪中 *MYOZ2* 基因表达量低，CaN 活性增强，活化的 CaN 使 NFAT 去磷酸化，使 NFAT 转入细胞核内启动一些慢肌纤维的基因表达，使慢肌纤维表达量增加，从而使藏猪和滇南小耳猪表现出慢速生长，慢肌纤维含量增加，也使藏猪和滇南小耳猪表现出较好的肉质特征。王亚非等（2017）以藏猪、滇南小耳猪、大约克夏猪、长白猪为试验材料，采用半定量方法测定 *MYOZ2* 基因在猪不同组织上的表达丰度，发现 *MYOZ2* 基因仅在心脏和背最长肌中表达丰度高，在猪肌细胞组织中特异性表达；且 *MYOZ2* 基因在生长速度较慢的小型猪（藏猪和滇南小耳猪）背最长肌中表达显著低于生长速度较快的引进猪（大约克夏猪和长白猪）（$P<0.01$），而藏猪与滇南小耳猪之间、大约克夏猪与长白猪之间比较，*MYOZ2* 表达量差异不显著（$P>0.05$）。

3. *FRZB* 基因　分泌型卷曲相关蛋白 3（SFRP3），由 *FRZB* 基因编码，属于 SFRP 家族一员，其通过与 Wnt 受体竞争结合从而抑制 Wnt 信号通路发挥重要作用。Wang 等（2014）以 *FRZB* 作为猪生长性状的候选基因，对鉴定出的 3 个多态位点：1 个插入位点（A－532B）和 5′－UTR 的 2 个 SNPs（G636A 和 C650T）进行分析。结果表明，G636A 和 C650T 在小型地方猪种（滇南小耳猪和藏猪）、地方猪种（莱芜猪和淮猪）及引进品种（大约克夏猪和长白猪）中的基因型分布存在显著差异。半定量 PCR 表达分析结果表明，*FRZB* 基因 mRNA 在垂体、背最长肌和脂肪组织中表达量较高，在心脏、大脑、下丘脑中表达量较低。mRNA 相对表达量与蛋白表达分析结果相一致。结果表明，*FRZB* 基因在滇南小耳猪和藏猪的背最长肌、肝脏中的表达均显著高于大白猪（$P<0.05$），而在滇南小耳猪背部脂肪组织中的表达显著高于藏猪和大约克夏猪（$P<0.05$）；此外，研究还发现，*FRZB* 基因表达与肌肉生长呈负相关，与脂肪沉积呈正相关。*FRZB* 基因可能是与猪生长性状相关的一个重要候选基因。

4. 其他　Liu（2010）对滇南小耳猪 *MAPKAPK3* 基因的表达进行了研究，结果显示与小型个体相比，大型滇南小耳猪 *MAPKAPK3* 基因在各组织中的表达量普遍偏高，并据此推断该基因可能在滇南小耳猪的生长发育分化中起着重要的作用。

（二）肉质性状相关基因研究

1. *MyoG* 基因　*MyoG* 基因是 MRFs 家族中唯一在所有骨骼肌细胞系中都表达的基因。在肌细胞的形成过程中，*MyoG* 基因起着中心调控作用，它介导成肌细胞的终极分化，其表达可终止成肌细胞的增殖，又调节单核成肌细胞融合成多核肌细胞。*MyoG* 基因的缺陷会引起成肌细胞分化障碍和严重的肌组织缺陷，在 *Myf5* 基因缺失时发挥代偿作用。猪 *MyoG* 基因的 2 个内含子的碱基长度分别为 785 bp 和 639 bp，该基因包括 3 个外显子，外显子 1 编码 bHLH 结构域，外显子 2 编码一个由 27 个氨基酸组成的转录激活结构域，外显子 3 编码 4 种 MyoG 蛋白共有的 C′端保守序列。首次分析猪 *MyoG* 基因的遗传变异采用了 RFLP 法，发现了 4.0kb 和 4.2kb 的多态片段，并且在家系遗传试验中发现 *MyoG* 等位基因分离符合孟德尔分离定律。2 个大约克夏猪商品系的基因型检测和屠宰测定结果表明不同的 *MyoG* 纯合基因型间在出生重、胴体重、日增重和瘦肉重等指标上差异显著，但对背膘厚无显著影响。*MyoG* 基因的*Msp* Ⅰ酶切位点位于基因的3′端和内含子2内，对大约克夏猪、杜洛克猪、长白猪*MyoG*基因3′端和内含子2进行检测，发现3′端多态性在3个品种中都有，内含子2的多态性只在杜洛克猪种中存在。*MyoG*基因3′端的*Msp* Ⅰ多态性与猪肉产量相关，推测该位点的突变导致*MyoG*基因发生了功能性的改变，位于该区域的调节序列可能是造成这种改变的原因所在；另一方面，可能是自然发生的*MyoG*基因的遗传变异会影响出生重和肌纤维数量，从而对与瘦肉产量相关的性状都发生影响。王伟等（2013）对滇南小耳猪肌细胞生成素（*MyoG*）基因的多态性进行了检测，发现了12个单核苷酸多态（SNP）位点，进一步的关联分析结果显示T1655C、T1688C、T2041C、T2047C位点对瘦肉率、背膘厚及背最长肌pH_{24}有显著影响（$P<0.05$或$P<0.01$）。发现滇南小耳猪*MyoG*基因2041和2047连锁多态位点有3种基因型（CC、TC和TT）。瘦肉率：CC基因型极显著高于TT基因型（$P<0.01$），CC基因型显著高于TC基因型（$P<0.05$），TT基因型和TC基因型差异不显著（$P>0.05$）。背膘厚：TT基因型极显著高于CC基因型（$P<0.01$），TT基因型显著高于TC基因型（$P<0.05$），TC基因型和CC基因型差异显著（$P<0.05$）。pH_{24}：TT基因型极显著高于TC基因型（$P<0.01$），TT基因型与CC基因型之间和TC基因型与CC基因型差异不显著（$P>0.05$）。其他性状的基因型间差异不显著（$P>0.05$）。滇南小耳猪*MyoG*基因1655和1688位点和2041和2047位点多态性不同基因型对瘦肉率、背膘和pH_{24}有显著影响（$P<0.05$）。3种基因型（CC、TC和TT）与相关肉质关联分析显示：等位基因C对瘦肉率有正调控作用，与背膘厚呈负相关。由于这些位点不是编码区，该位点可能与调控区连锁，从而影响滇南小耳猪的瘦肉率、背膘厚和pH。

2. *H-FABP*基因　肌内脂肪（intramuscular fat，IMF）是影响肉品质的重要因素，其实质是肌内脂肪细胞中的甘油三酯，而肌内脂肪细胞中的甘油三酯含量与脂肪代谢密切相关。李志娟等（2013）检测到脂类合成代谢相关基因*H-FABP*不同基因型在滇南小耳猪肌内脂肪细胞中的表达，并与甘油三酯的含量进行了关联分析。研究结果表明：滇南小耳猪在*Hae* Ⅲ-RFLP和*Msp* Ⅰ-RFLP位点均无多态性，分别表现为DD基因型和AA基因型；在*Hinf* Ⅰ-RFLP位点具有多态性，分别为HH、Hh、hh 3种基因型。不同*H-FABP*基因型滇南小耳猪肌内脂肪细胞中甘油三酯的含量为：HH＞Hh＞hh。HH基因型的脂类合成代谢相关基因（*H-FABP*、*A-FABP*、*SCD*、*ACC*、

FAS、*DGAT*－*1*）mRNA 表达水平显著高于 *Hh*、*hh* 基因型（$P<0.05$）。肌内脂肪细胞中 *H*－*FABP*、*A*－*FABP*、*ACC*、*SCD*、*FAS*、*DGAT*－*1* 基因的 mRNA 表达水平与甘油三酯含量呈显著正相关（$P<0.01$）。总之，HH 基因型滇南小耳猪肌内脂肪含量高，可能是 HH 基因型脂类代谢相关基因 *H*－*FABP* 的高表达水平引起的。说明滇南小耳猪肌内脂肪细胞脂类合成代谢相关基因 *H*－*FABP* 的 mRNA 表达水平与肌内脂肪细胞甘油三酯含量呈显著正相关。

研究滇南小耳猪群体的生长、繁殖、肉质等相关的候选基因，可为滇南小耳猪的群体遗传结构分析、分子标记辅助选择和标记辅助育种奠定一定的科学基础。分子标记可用于限性性状的选择，节省屠宰性状的成本，可提高繁殖性状、抗病性状、抗逆性状和适应性性状选择准确性，并缩短世代间隔，提高选择强度。分子标记可望成为滇南小耳猪品种改良的重要手段和方法，为滇南小耳猪的进一步开发利用，提高滇南小耳猪的经济效益和社会效益做出贡献，加速滇南小耳猪养殖地区的养猪业发展。

第三章 滇南小耳猪品种保护

第一节　保种概况

自改革开放以来，随着我国社会经济的迅速发展，市场对能迅速提供肉品的外来快大型良种猪的需求日益扩大，一段时期以来大范围的外来杂交猪种推广饲养，对本地纯种滇南小耳猪饲养造成直接冲击，滇南小耳猪养殖总量快速下降，目前仅在边远的少数民族村寨有少量饲养，滇南小耳猪这一宝贵的物种资源将面临灭绝的危险。

生物物种资源是维持人类生存、维护国家生态安全的物质基础，是实现可持续发展战略的重要资源。畜禽种质资源是畜牧生产和可持续发展的基础，也是重要的基因库。1992 年 6 月，国际社会在巴西里约热内卢召开了保护生物多样性会议，有 167 个国家签署了《生物多样性合约》，保护生物多样性已成为全世界的共识。随着 21 世纪的到来，全球性的畜禽种质资源开发利用热潮和畜禽种质资源争夺战必然推动我国研究、开发、利用畜禽种质资源，由此带来的国家畜禽种质资源规划和宏观决策、畜禽种质资源科学研究、畜禽种质资源开发利用和国家实施可持续发展战略等对畜禽种质资源信息全方位、高质量的服务需求将更加广泛和迫切。我国生物物种资源种类多、数量大、分布广，是世界上生物物种资源最丰富的国家之一，因此，有效保护和合理开发利用好滇南小耳猪，对云南省乃至我国畜牧业持续、稳定、高效的发展具有重大的战略意义。

一、保种场

西双版纳州种猪场是我国唯一一家国家级滇南小耳猪资源保种场，成立于

1980 年 5 月。建场以来，主要承担国家级滇南小耳猪的保种选育及西双版纳微型猪近交系的选育研究工作。1999 年 3 月，在西双版纳州种猪场的基础上建成滇南小耳猪遗传资源保种场，并于 2000 年 5 月正式投入使用，保种场现有滇南小耳猪保种核心群 226 头，其中母猪 210 头，公猪 16 头（8 个家系）。主要采用交叉世代留种方式和延长世代间隔降低近交速率的方式开展保种工作，每世代群体近交增量控制在 0.006 5 以内。保种群体规模和种猪公母比例达到了保种方案规定要求，系谱清楚。2008 年 6 月，西双版纳州种猪场入选第一批国家级畜禽遗传资源保种场名单，编号 C5301030。

西双版纳州种猪场是西双版纳州农业局下属独立法，实行独立核算，经济来源实行定额补助的企业化管理事业单位。主要职能是：滇南小耳猪育种、保种、供种、科研，配套完善畜禽良种体系培育，推广、利用畜禽优良品种，促进畜牧业向高产、优质、高效、持续稳定发展。业务范围是在全州乃至其他地区进行滇南小耳猪保种与开发、西双版纳微型猪近交系选育研究、滇南小耳猪种猪培育、鉴定服务、畜禽良种推广、畜禽品种改良、畜禽养殖新技术推广等，是西双版纳州较为专业的滇南小耳猪育种、保种、供种、科研及配套完善畜禽良种体系培育、推广单位。

保种场位于距景洪市区 6 km 的嘎洒镇曼景保村小组，交通便利，四面林地环绕，空气新鲜，距周围村庄和工厂超过 800 m，自然隔离条件较好，场址较为封闭，周围环境无污染源，场址选择合理。有一条常年流淌的小溪由东向西穿场而过，把保种场一分为二，小溪周边为茂密的胶林，无人居住，无牲畜放牧，水质清澈干净达到饮用水标准，另有深水井一眼，可常年供人、畜饮用，水源充足，水质良好；保种场自筹经费投资架通了全程 600 m 的 10 kV 高压线路，全年停电不超过 6 次，每次停电最长不超过 4 h，供电稳定。全场占地 1.7×10^4 m^2，其中猪舍占地面积 6.7×10^3 m^2，办公、生活区 6.7×10^3 m^2，饲料地 4 000 m^2，生产区和生活区区分明显。近几年来，各级部门先后投入 400 多万元，建有猪舍、饲料仓库及加工房 14 幢 5 474 m^2，其中猪舍 12 幢 3 800m^2（种公猪舍 150 m^2、母猪舍 650 m^2、产房 916 m^2、仔猪保育舍 920 m^2、育肥猪舍 1 164 m^2）；运动场 1 500 m^2；饲料仓库及加工房 2 幢 1 800 m^2；隔离舍 1 幢 60 m^2；兽医室 1 间 30 m^2；消毒房 2 间 30 m^2；办公室 1 幢 300 m^2；职工生活用房 2 幢 600 m^2；无害化深埋井 2 口；粪污发酵池 5 个 50 m^3，深水井 1 眼；雾化消毒机 1 台（套）。保种场技术力量雄厚，在职从事保种工作的技术团队有专业技术人员 10 人，其中：高级畜牧师 3 人，高级兽医师 1 人，畜牧师 3 人，兽医师 1 人，助理畜牧师 2 人。在技术团队中，有一半的技术人员对滇南小耳猪的选育、饲养有 30 多年的实践经验，曾多次荣获省级政府科技进步二、三等奖。在地方猪品种登记工作中国家专家组指定联系专家是中国农业大学的王爱国教授。另外，还专门聘请了当地的教授、推广研究员作为常年技术顾问，确保了滇南小耳猪保种、选育等工作的顺利开展。目前，保种场已具备兽医防疫、疫病诊断技术、疫病监测技术、疾病的净化技术、疫病和防控技术、营养优化技术、保种场生产管理与环境控制技术等措施；门卫室的消毒、人员进出、内部车辆进出等消毒配套设施较完善，达到了保种场要求。保种场已获得云南省农业厅核发的种畜禽经营许可证和西双版纳州景洪市农业局核发的动物防疫条件合格证。

保种场 1995 年被列为国家级重点种畜场以来，承担了“滇南小耳猪选育和杂交利用”等课题，按照农业部对国家级种畜场的要求，开始对滇南小耳猪进行保护工作。经过多年努力，品种保护工作已基本达到国家对地方畜禽品种的保护要求。在此基础上，为加快滇南小耳猪开发利用步伐，与云南农业大学共同承担的“版纳微型猪医学实验动物”课题于 2001 年被国家计委批准纳入“国家生物技术专项计划”，成为国家级示范工程；2011—2013 年与西双版纳职业技术学院、中国科学院昆明动物研究所共同承担云南省科技厅下达的“滇南小耳猪基因多态性能与生产性能相关性研究”项目，该项目通过 3 年的研究，已达到预期效果，荣获 2014 年西双版纳州科技进步一等奖。同时，保种场在滇南小耳猪保种、组群、选育、提纯复壮等方面积累了大量的实践经验，培养了一批专业技术人才，并在滇南小耳猪选育、研究、饲养中，有多名科技人员曾多次荣获云南省政府科技进步二、三等奖，为滇南小耳猪保种工作积累了经验，打下了良好的基础，完全具备承担滇南小耳猪种质资源保护项目的能力和条件。

二、扩繁场

在西双版纳州委州政府的支持下，西双版纳州境内已建立了 6 个规模化的滇南小耳猪扩繁场，小耳猪品种资源和种群数量已逐步回升。扩繁场的建立，对滇南小耳猪的数量、分布，以及有效、合理、持续利用其品质、提升价值，实现西双版纳州畜牧业持续、特色、高效的发展，满足人们对畜禽产品种类、质量的更高需求具有重大的战略意义。6 个规模化的小耳猪扩繁场情况分别如下。

（一）西双版纳邦格牧业科技有限公司

该公司于 2010 年 10 月在景洪市工商行政管理局注册成立，注册资金 1 000 万元，法人代表贺刚。2012 年 10 月该公司先后投资 2 200 万元在景洪市普文农场（十二队）新建“西双版纳小耳猪原种猪繁育基地”，主要经营西双版纳小耳猪保种及原种繁育，为市场供应西双版纳小耳猪优质种猪、商品仔猪及育肥猪。该场占地面积 2×10^5 m^2，已完成各类标准化猪舍 10 400 m^2，附属工程 3 300 m^2，猪场配套环保设施 1 套，畜禽养殖、经营许可证等证件齐全，目前已投入生产。设计规模为存栏种猪 1 000 头，满负荷生产总存栏可达 9 000 头，每年可向市场提供种猪、商品仔猪、育肥猪 15 000 头以上。

（二）景洪尚义牧业有限公司

该公司属独资民营企业，注册资金 191 万元，于 2008 年 9 月建成投产。猪场位于景讷乡政府以东 1 500 m 处，猪场占地面积 4×10^4 m^2，并承租蔬菜种植基地约 1.7×10^5 m^2。完成投资 560 万元，现有猪舍 5 600 m^2，沼气池 60 m^3，堆粪区 100 m^2，排污沟管 3 000 m，安装一套标准化的消毒设备，场内建设结构符合现代科学养殖小区标准。2015 年生猪存栏 4 866 头，其中，能繁母猪 400 头，后备母猪 150 头，出栏商品肉猪 2 867 头，出栏仔猪 2 216 头，其中，企业自产肥猪 1 500 头，出栏仔猪 1 300 头，辐射带动农户养殖生产出栏肥猪 1 367 头，出栏仔猪 916 头，实现销售收入 297 万元，创利 80 万元。

（三）西双版纳源生小耳猪养殖有限公司

该公司于 2013 年 4 月 8 日在勐海县工商行政管理局登记注册，属自然人出资有限公司，法人代表袁惠平，公司地址为勐海县勐海镇科技路 18 号，注册资本 500 万元，是西双版纳州主要从事西双版纳小耳猪培育养殖及产业化开发的民营企业。公司自成立以来，以乡镇为养殖基地，以公司为投资经营管理主体，建立“公司—乡镇—农户合作社—农户”的合作模式，在勐海县西定乡、格朗和乡分别建立养殖基地，计划年养殖不少于 1 万头。至 2015 年年底，公司先后投入 300 多万元，已完成格朗和乡苏湖村委会橄榄寨小耳猪养殖基地建设，现小耳猪养殖存栏达 2 000 余头。公司养殖基地已初具规模，并具有良好的社会影响力。该公司先后取得了无公害农产品产地认证证书，并于 2014 年 10 月 10 日取得畜禽养殖、有机产品加工两个认证证书（西双版纳源生小耳猪养殖有限公司曼迈仔猪扩繁基地及西双版纳源生小耳猪养殖有限公司格拉和苏湖育种中心）。目前已在昆明开设了 4 家直营店（西双版纳源生滇南小耳猪和谐店、西双版纳源生滇南小耳猪高新店、西双版纳源生滇南小耳猪未名城店、西双版纳源生滇南小耳猪新亚洲店）。

（四）勐海县布朗山曼囡生态小耳猪养殖专业合作社

合作社始建于 2009 年，2011 年 4 月注册“布朗山冬瓜猪”商标，2010 年 7 月在勐海设立专卖店，2012 年 12 月在昆明设立 2 个专卖店。截至 2015 年年末，合作社养殖农户从最初的 21 户发展到现在的 800 户，母猪也从初期的 30 头发展到现在的 350 头，小耳猪存栏 2 310 头（其中母猪 350 头、仔猪 800 头、肥猪 1 160 头），出栏达 4 000 头（其中肥猪出栏 1 000 头、仔猪出栏 3 000 头）。养殖滇南小耳猪总收入 65 万元，具有较好的经济效益。

（五）勐腊县瑶区冬瓜猪饲养专业合作社

合作社位于勐腊县瑶区乡沙仁村，于 2010 年 11 月创建，法人代表李春荣，注册资金 100 万元。截至 2015 年年底，发展合作社社员 546 户，辐射带动周边农户 300 余户。2014 年合作社收购了 4 903 头生猪，销售生猪 2 025 头，加工销售猪油、炸肉 1 600 头，加工销售腊肉 1 278 头，实现销售收入 879 万元。目前，合作社基地养殖场存栏 350 头，其中能繁母猪 130 头。

（六）勐腊荣康养殖专业合作社

合作社位于勐腊县勐捧镇勐润村委会，于 2010 年创建，法人代表依香凤，注册资金 5 万元，目前有合作社社员 41 户。当前合作社基地养殖场猪存栏 540 头，其中能繁母猪和后备母猪 200 头，出栏肥猪 310 头，仔猪 320 头。

第二节　保种目标

依据《畜禽遗传资源保种场保护区和基因库管理办法》，西双版纳国家级滇南小耳猪保种场保种方案是按照2011年7月全国畜牧总站编写的《国家级畜禽资源保护品种方案》（意见征求稿）经云南省家畜改良工作站组织省内专家修改后的方案执行。现按《中华人民共和国农业行业标准——滇南小耳猪》（NY/T 2825—2015）规定的品种标准执行。

一、保种性状目标

（一）总产仔数

保种目标为母猪初产总产仔数平均7.3头，母猪经产总产仔数9.2头。

（二）生长发育性状

1. 体重　6月龄平均体重公猪30.1 kg，母猪37.6 kg；成年体重公猪（48.81±2.66）kg，母猪（49.69±1.97）kg。

2. 成年体长　公猪（91.16±3.75）cm，母猪（90.85±2.18）cm。

（三）主要育肥和屠宰性状

达上市体重为（59.34±4.79）kg，上市日龄为365 d，日增重为200g，宰前活重为（60.16±1.25）kg，屠宰率为69.21%±1.48%，瘦肉率为40.25%±1.25%，第6～7肋背膘厚为（38.6±2.20）mm。

（四）独特特性和性状

肌内脂肪含量平均值为8.33%，耐高温潮湿。

二、种群数量、家系数量

经过保种场实施保种方案，西双版纳小耳猪保种群体得到了进一步的提纯复壮，生产性能有所提高，保持了本品种的优良性状，保种群的种质资源符合本品种标准。育肥性能、繁殖性能符合本品种标准，保种与开发利用取得了明显进展。

2016年初，西双版纳州种猪场保种核心群群体规模共8个家系216头，其中公猪16头以上（含8个家系），能繁母猪200头。年可提供优质种猪约1 000头，商品猪1 300余头。

第三节　保种技术措施

一、种猪的选择

1. 外貌特征　头小清秀，颈较短，颈肩结合良好，肋圆，额平皱纹少，嘴筒略长，耳小直立，腿臀肌肉丰满，背腰平直，腹大不垂，皮薄毛稀，全身被毛黑色，少数或有六白特征（头、尾、四肢），乳头5对，排列整齐均匀。

2. 生长发育性状　6月龄公猪平均体重（48.18±2.66）kg，母猪（49.69±1.97）kg。育肥猪日增重200 g，300 d体重达60 kg，屠宰重55～60 kg，屠宰率41%，背膘厚3.86 cm。

3. 繁殖性能　能繁母猪年平均2窝，平均每窝产仔8.4头。

二、选配方法

按公猪血缘，把母猪分成8个亚群，亚群内母猪血缘较近，亚群间血缘较远，采用公猪与亚群间的母猪车轮式的交配。

三、公母比例、留种方式和世代间隔

按保种群的规模和公母比例1∶13，采用家系等数留种，保证每世代群体近交增量低于0.006 5，3～4年为1个世代。

四、保种方式

（一）保种场保种

西双版纳州种猪场目前采取活体保种，即每年更迭后备种猪1/3，后备猪进行性能测定，测定与留种比例为2∶1，选留的依据，体重、体长、活体背膘高于均数的个体作为留种的标准。

（二）多点保种与扩繁场建设

西双版纳邦格牧业科技有限公司已在西双版纳州建立扩繁场，在农户建立扩繁点，并组建专业合作社，整村推进扩繁。

保护区西双版纳小耳猪产区，可在饲养较集中的乡镇组建保护区，实施保护区保种，并有计划有组织地与保种场交换血统。

（三）完善原始档案

按照养殖标准建立完整的原始记录档案，如配种记录、母猪生产哺乳记录（仔猪断奶时个体称重）、群体世代系谱、饲料、药品、防疫、诊疗等记录。

（四）性能检测

滇南小耳猪具有皮薄骨细、肉质鲜嫩、口感香糯等特点。瘦肉肌纤维细腻、鲜嫩、色泽润红、油亮，缩水率3%～5%；肥肉厚实、白净；鲜肉吃起来鲜、嫩、香、糯，地道的猪肉香味。据云南农业大学连林生教授研究测定，西双版纳小耳猪在传统饲养条件下日增重200g，瘦肉率35.2%±2.96%，肌内脂肪8.35%±3.91%，非饱和脂肪酸含量53.22%，其中ω-3脂肪酸含量4.50%±0.49%，皮厚（0.2±0.01）cm，皮和骨率分别6.11%±0.09%、6.03%±0.16%。滇南小耳猪不饱和脂肪酸是普通猪肉的3倍，胆固醇低（46 mg/100 g），富含的ω-3脂肪酸具有调节人体血脂的功效。

西双版纳小耳猪肉品性能检测仍沿用第二次全国猪肉质研究经验交流会修正方法。

第四节　保种技术与方法的研究

一、微卫星标记应用于滇南小耳猪的保种研究

王昕等选用10个微卫星位点，除S0003位点在7个地方群体中表现为单态，Sw790为中度多态位点外，其他的8个位点均为高度多态位点。在10个微卫星位点上共检测到了153个等位基因，其中Sw769最多为23个，S0003位点最少为5个，平均每个位点的等位基因数为15.3个。S0005位点的281 bp、285 bp可作为滇南小耳猪的特征性条带。在IGF-1位点上，滇南小耳猪处于平衡状态，其他均处于遗传不平衡状态。即滇南小耳猪在IGF-1位点上可稳定遗传。

随着微卫星技术在猪遗传研究方面的应用与推进，滇南小耳猪的更多基因潜质被挖掘。微卫星DNA等分子标记研究结果显示，滇南小耳猪在DNA水平上的遗传多样性较为丰富。Yang等（2003）采用FAO推荐的26个微卫星

DNA 标记研究了包括滇南小耳猪在内的 18 个中国地方猪种的遗传多样性，结果表明滇南小耳猪的群体平均杂合度（*H*）和有效等位基因数分别为 0.574 和 13.46。李华等（2006）利用 *Eco* R Ⅰ 和 *Alu* Ⅰ 酶对滇南小耳猪 SLA～DQA 基因内含子 1、内含子 2 部分区域及外显子 2 的多态性进行了 PCR－RFLP 分析，并与巴马小型猪进行了比较，发现两者的差异主要体现在 *Alu* Ⅰ酶切位点的多态性上，滇南小耳猪的杂合度（*H*＝0.448 3）虽略低于巴马小型猪（*H*＝0.469 6），但仍达到了较高水平。霍金龙等（2008）对滇南小耳猪 76 个微卫星标记的分析结果显示，滇南小耳猪群体的平均杂合度（*H*）和多态信息含量（*PIC*）分别为 0.691 7 和 0.638 8，反映出滇南小耳猪群体遗传多样性较为丰富。

二、线粒体多态性应用于滇南小耳猪的保种研究

动物线粒体 DNA（mitochondrial DNA，mtDNA）是共价闭合的双链 DNA 分子，是动物体内唯一的一种核外遗传物质。mtDNA 具有分子质量小、基因组结构简单、进化速率快、母系遗传和在遗传过程中无重组等特性，因此被作为一个可靠的母性遗传标记广泛用于研究动物的起源、演化、分类及品种资源的保护利用等。

D－loop 区是 mtDNA 的控制区，调控 mtDNA 的转录和复制。该区占全部 mtDNA 分子的 6%左右，富含 A、T 碱基。它的碱基替换率比 mtDNA 的其他区域高 5～10 倍，是整个线粒体基因组序列和长度变异最大、进化速度最快、多态性最丰富的区域。猪的 D－loop 区位于 mtDNA 的 $tRNA^{pro}$ 和 $tRNA^{phe}$ 之间。mtDNA D－loop 多态性的研究是猪 mtDNA 研究的热点之一。

倪丽菊（2011）用 PCR－RFLP 技术对封闭群滇南小耳猪与广西巴马小型猪的 mtDNA D－loop 进行了分析，结果在品种内和品种间均未发现酶切片段长度多态性，表明其 mtDNA 群体分化程度很低，在母系遗传上具有一致性，两猪种 D－loop 酶切多态贫乏，遗传背景较为狭窄。滇南小耳猪与广西巴马小型猪的 mtDNA 在品种内和品种间的变异程度都很低，mtDNA PCR－RFLP 分析不宜作为它们的一种有效遗传检测手段，应采用核 DNA 或蛋白质多态技术进行探索研究。滇南小耳猪与广西巴马小型猪均原产于交通闭塞的偏远山区，当地群众长期采用高度近交的自繁自养方式，从而形成了遗传一致性较高的小型猪群体。也正是由于这种特殊的培育历史，使小型猪的遗传特性相当稳

定，被一些科研院所引种培育成实验动物用于生命科学研究。兰宏等（1995）用 20 种限制性内切酶分析了包括滇南小耳猪在内的中国西南地区家猪和野猪的 mtDNA 限制性图谱，认为西南地区猪群体 mtDNA 的遗传多样性极其贫乏。刘中禄等（1995）研究了西双版纳近交系小耳猪、广西巴马小型猪和贵州小型香猪的 mtDNA D-loop，虽也发现各猪种的酶切多态性贫乏，但其未发现 *Xba* Ⅰ 酶切位点。

三、滇南小耳猪采精及精液冷冻保存方法

郑红等（2009）采用 Lane Pulsator Ⅳ型直肠电刺激采精法对滇南小耳猪进行采精，采精仪电压参数设为 4～5 档，电刺激时间 1～5 s，在麻醉情况下成功采精。根据精液的色泽，明显分为 3 段：前段清亮，精液量（28±12）mL，密度（2.5±1.2）$\times 10^6$ 个/mL，活力 18.2%±5.8%；中段为胶冻絮状液体，精液量（26±14）mL，密度（4.7±3.9）$\times 10^8$ 个/mL，活力 69.3%±15.4%；后段清亮，精液量（22±10）mL，密度（5.8±5.3）$\times 10^8$ 个/mL，活力 35.4%±12.2%。与间隔 3 d 和 14 d 重复采精比较，间隔 7 d 采精的效果较好，中段精液的品质较好。在中段精液对超数排卵母猪的人工授精试验中，卵子受精率为 81.3%，囊胚率达到 71.9%。用直肠电刺激采精法可安全有效对滇南小耳猪进行采精。

郑红等（2010）利用脉冲电刺激模式诱导公猪输精管自助收缩排精，利用直接冷冻新技术（DFM）研究不同冷冻方案对精子的运动度、精子顶体完整性和体内受精胚胎发育能力的影响。发现在直接冷冻方法中，3%甘油防冻剂的作用下，60 s 植冰时间和 1.5 mm/s 的冷冻降温参数对精子运动度保护良好，精子运动复苏率达到 61.7%。3%乙二醇虽然与甘油一样对精子的顶体完整性都有很好的保护作用，但对精子运动度保护能力较差。此外，3%甘油、60 s 植冰、1.5 mm/s 冷冻速度的直接冷冻的冻精解冻，移植到超数排卵的母猪子宫颈口实施人工授精，获得卵的受精和胚胎发育潜能尚可。这个研究表明，玻璃管直接冷冻可以完成滇南小耳猪精子的冷冻保存，建立了滇南小耳猪精液冷冻保存方法。

四、其他

$RYR1^T$ 基因的频率在不同品种、不同地区，以及实施不同选育方法的猪

群中存在着很大差异。大多数研究认为，欧美高产瘦肉型品种中 RYR*1*^{T} 基因的频率较高。白改翠（2013）等检测的滇南小耳猪品种 *RYR1*^{T} 基因的频率平均为 1.85%，明显低于 5 个引进品种（群）的 6.26%。基于上述结果，可以初步推断这些地方品种曾发生过不同程度的血缘混杂，很有可能是由于不规范的杂交利用导致了 RYR*1*^{T} 基因的渗入，需引起重视。事实上，生产实际中不规范的杂交仍较为普遍，尤其是技术水平相对较低的中小规模猪场和养殖户更为严重。

连锁不平衡（linkage disequilibrium，LD）和有效群体大小是数量遗传学、进化研究等领域的重要参数，对动物育种与保种工作具有重要的指导意义。罗元宇（2016）等以 10 个华南地方猪种和 1 个引入猪种作为研究对象，利用 Illumina PorcineSNP60K Bead Chip（包含 65165 SNPs）数据，对 11 个猪种进行 LD 分析和有效群体大小估计。r^2 计算各品种的 LD 程度，结果表明，随着标记间距的增加，LD 呈递减趋势，但是某些距离较远的位点间也存在较强的 LD。滇南小耳猪的 LD 程度也较低，相邻标记间 r^2 为 0.193，这也与其生存环境、区域分布息息相关，滇南小耳猪分布于云南省南部，所受人工选择较少。研究结果表明，有效群体大小是随着世代数增加而增加的。近些年来，在市场经济的冲击下，大量外来种猪被引入，加之我们地方猪的保种体系又不健全，从而导致中国地方猪群体规模一直在缩小，特别是能代表血统关系的公猪数量急剧下降，目前，很多地方猪种都面临灭绝的威胁。因此，研究相关地方猪种的保种措施具有重要的意义。

对畜禽资源遗传多样性的保护已形成国际共识，但是如何实现最大化地保护畜禽资源遗传多样性的问题一直以来都是保种领域内研究的焦点。Weitzman 方法是 20 世纪 90 年代提出的（Weitzman，1993），它主要是应用遗传多样性方程，采用迭代、最大似然法等方法，估计特定品种集合的总体遗传多样性，通过品种间遗传多样性的相互关系构建品种间的最大似然数、图视化地展示品种间的遗传多样性关系，通过进一步估计期望遗传多样性、品种对总体遗传多样性的贡献、品种的边际多样性、保护潜力等指标，为畜禽资源遗传多样性的最大化保存提供了客观的理论依据，即所谓的 Weitzman 标准（Thaond，1998；Eding，2001；Simianer，2002；Reist-Marti，2003）。我国是畜禽遗传资源极其丰富的国家之一，但是同样面临着品种灭绝或濒危灭绝的威胁，因此，我国在畜禽保种工作方面也进行了大量的研究并采取了一系列的保护措施。但是，对于畜禽遗传多样性最大化保护的基础研究还比较少。王明等（2011）结合我国畜禽资源遗传多样性保护的研究现状，系统介绍了 Weitzman 方法的原理和计算方法，并以我国 18 个地方猪品种为例（滇南小耳猪、马身猪、香猪、民猪、金华猪、藏猪、汉江黑猪、宁乡猪、成华猪、河套大耳猪等），对 Weitzman 方法及其在品种保护实际应用中应该注意的问题进行了详细的探讨。为了加快对总体遗传多样性，以及期望遗传多样性等指标的计算和估计，采用了简易的计算方法，即最大似然值法，该方法可以大大减少计算所需的时间，而且准确性也比较高。对 18 个中国地方猪品种的总体遗传多样性若采用精确的计算方法估计值是 8 369，用最大似然数方法计算的结果是 8 355，准确率高达 99.83%。为了减少计算时间，在期望遗传多样性和边际遗传多样性的计算中，采用简易的计算方法对遗传多样性进行估计。这 18 个地方猪种的期望多样性为 5 971.974，占总体多样性的 71.47%。这意味着，如果不对这 18 个猪种做出相应的保护措施，在 30～50 年后，这些猪种的遗传多样性将会丧失 28.53%。采用 Reist-Marti 提出的 10 个变量因素影响灭绝概率的评估方法。这种方法包含了 10 个变量，即群体有效规模大小（POS）、过去 10 年群体总体变化情况（CHA）、该品种的分布情况（DIS）、随机交配的危害程度（CRO）、饲养者的管理情况（ORG）、是否建立保护政策（CON）、国家政策法规（POL）、特殊性状（SPE）、社会文化的重要性（CUL）和信息的可靠程度（REL）。通过这 10 个影响灭绝概率的因素来估计灭绝概率应该说还是比较合理的，但是需要注意的是，无论哪一项指标变化，灭绝概率应该相应发生变化。每个品种的灭绝概率也不是一个定值，应该是一个动态的指标。对于每个品种对总体多样性的贡献及边际多样性和保种潜力，Weitzman 提出品种边际多样性弹性值与边际多样性都可以作为评价品种优先性保护的指标，且品种弹性值越大，品种优先保护性越强。边际多样性与保种潜力之间存在着线性关系。品种的保种潜力是品种保护的主要参考指标，也就是说保种潜力大，就应该优先进行保护。但是保种潜力受许多因素的影响，因为保种潜力是边际遗传多样性和灭绝概率的函数，若畜禽遗传资源的状态发生了变化，如品种的群体数量下降，此时品种的灭绝概率会增大，该品种的保种潜力也会增加，所以保种潜力是一个动态的参数指标，在实际的应用中防止绝对化，将其视为一个静态的指标。在实际保种工作中，确定保种的优先次序，不仅需要考虑遗传多样性的最大化，还要考虑品种的历史（历史文化价值）、对特殊环境的抗逆性、特殊的畜产品等因素。Weitzman 方法在品种保护优化方案设计中，仅仅是从遗传多样性的角度出发，并未将品种的科学文化价值、历史价值及抗逆性或抗病性等特别适应性性状考虑在内，在实际畜禽资源保护中可能会综合考虑各种因素，制定一个优化的保种方案。

第四章 滇南小耳猪品种繁育

第一节　生殖生理

滇南小耳猪母猪达到初情期以后，其生殖器官及性行为重复发生一系列明显的周期性变化称为发情周期。发情周期周而复始，一直到绝情期为止。发情周期通常指从一次发情期的开始起，到下一次发情期开始前一天止这一段时间，猪发情周期平均为 21 d。

发情期为母猪表现明显的性欲并接受交配的时期。发情期以母猪能接受交配开始，至最后一次接受交配结束，在此阶段，母猪一般寻找并接受公猪交配。

发情后期也称后情期，是紧接发情期后在 LH 的作用下黄体迅速发育的时期。发情间期也称间情期，是生猪发情周期中最长的一段时间，在此阶段黄体发育达成熟，孕酮对生殖器官的作用更加明显。

一、初情期

滇南小耳猪公猪性成熟期为 1.5～2.5 月龄，公猪出生后 42 日龄开始表现爬跨行为，75～80 日龄就有与母猪交配的行为，并能使母猪受胎。初配年龄在 5～6 月龄，母猪初情期在 3～5 月龄，初情母猪体重大约为 9 kg。发情周期为 18～20 d，其中卵泡期为 6～7 d，黄体期为 14 d。黄体在周期的第 10 天开始退化。发情期 3～5 d，断乳后第一次发情的持续时间较长，经产母猪比青年母猪发情持续时间长。猪的发情无明显季节性，但在严冬季节、饲养不良时，发情可能停止一段时间。排卵在发情开始后 20～36 h，在 4～8 h 内排完。每次排卵的数目依胎次不同而有差异，胎次多则排卵较多。排卵开始的时间及持续时间可以影响发情期的长度。发情初期交配，可使排卵提早 4 h。适当增加配种次数，可以提高窝产仔数。猪左侧卵巢排卵数略多于右侧（51%～55%），排卵时卵泡的直径为 0.7～1 cm。排卵后 7～16 d，黄体体积达到最大，直径为 1 cm 左右。母猪于 4～6 月龄配种，8～9 月龄开始产仔。初产母猪产仔（5.2±0.2）头，经产母猪产仔为（7.8±0.4）头。

二、产后发情

产后第一次发情的时间与仔猪吮乳有关，吮乳能抑制母猪垂体促性腺激素的分泌进而抑制卵巢的功能，引起泌乳期乏情，所以母猪一般是在断乳后 3～9 d 才发情。体质好、营养优良的母猪在断乳以前也有发情的，但数量很少。如果在哺乳期中任何时间停止哺育仔猪，则在 4～10 d 后发情（哺乳初期停止哺乳出现发情所需时间较长，哺乳末期停止哺乳出现发情较快）。提前断乳可以缩短母猪产仔间隔。

第二节　种猪选择与培育

一、选育目标

滇南小耳猪个体外貌特征一致，以黑色、六白为主。群体规格整齐，生长、繁殖性能稳定，总产仔数 9 头以上，产活仔数 8.6 头以上。肌内脂肪含量不低于 5%。在群体均匀整齐、肉品质稳定的前提下，双月断奶窝重为 60 kg，6 月龄后备公、母猪体重分别为 35 kg 和 40 kg，240 d 左右达到 60 kg，料重比为 4.5∶1。

二、品种选育方法

（一）引种

为了保持猪群遗传基础的广泛性，避免有亲属关系，基础群从西双版纳不同区域，如西双版纳偏远山区村寨及靠近缅甸、老挝边境一线村寨选购具有典型滇南小耳猪特征，毛色全黑的大、中型猪组成。

（二）留种

留种猪初选依据个体表现和父母选择指数，二选则依据个体测定育种指数和亲属育种指数。目前核心群选育均采用闭锁-开放相结合的管理方法，一是允许世代交替，即对核心群中性能表现特别好的种猪，允许再留至下一世代，与后代一起共同组成新的核心群，一般更迭比例不超过25%。二是允许导入外血，在核心群近交增量过大或有优秀外血的情况下，可以适当引入外来种猪，丰富核心群遗传资源。

规模化的原种猪场，为减缓保种群近交系数增量。保持保种目标性状不丢失、不下降。一般种猪群年更新比例都在30%左右，通常是在2～5胎的原种群中挑选同窝仔数多且无遗传疾患、体型外貌符合要求并生长速度快的留做后备进行补充。但为了加快世代更替，提高选育进展水平，一般拟采取头胎留种，核心群选育一般争取一年一个世代。

（三）组建核心群

育种核心群的组建方法是根据现存种猪群的血缘分析结果，繁殖及生长性能等测定的数据建立育种核心群。将生产性能相对较低的个体转入扩繁群。然后对已有的繁殖及生长性能等测定的数据进行分析，根据生产性能的高低或选择指数进行排队，在保证血缘的情况下，将繁殖性能好、生长速度快、体型外貌符合品种要求的种猪选入育种核心群。对测定数据不全的群体，先根据血缘、体型外貌及繁殖记录等组建基础群，然后按照核心群管理方法进行配种、繁殖记录及后代生长性能测定，最后再依据测定成绩评估排序，在保证血缘的情况下按要求组建新一代核心群。

育种核心群的数量，根据原种猪的规模，选择1/4～1/3的猪群（一般不少于50头）组成核心群，保种核心群216头，其中公猪16头，8个家系，母猪200头。扩繁群的规模：基本母猪500头，公猪10头，以保障猪群的淘汰更新。核心群内公、母比例最好能维持1∶5，以保证公猪数量和质量。

在西双版纳不同区域引入的群体分别与西双版纳州种猪场及西双版纳邦格牧业科技有限公司现有种群中选择的优秀个体组建核心群，在组建核心基础群的过程中，按下列标准选择：

1. 外貌特征　符合品种特征，体型外貌良好、四肢健壮、体长、体高、后躯发育良好，健康无病。外生殖器发育正常，有效乳头数不少于5对。毛色以全黑和六白为主。

2. 无遗传疾病　凡有遗传疾病或隐性有害基因携带者，均不能选入。根据基础群数量要求按上述条件选出优秀个体，组成本品种选育的零世代核心群。应注意所引个体必须是具有优异的性能，且体型外貌群体一致。基础群组成后闭锁，避免同胞的随机交配。

3. 2月龄断奶时，按产仔数和窝重初选　把产仔多、窝重大的留下，然后根据外貌、毛色、乳头数、个体重进行窝内优选。按公猪1∶4、母猪1∶3比例选留供生长发育测定的后备种猪。此外，每窝留一头去势作育肥测定。6月龄时，按种猪体重和同胞育肥成绩进行选择。公猪还要等待同胞育肥屠宰后，根据同胞的膘厚、后腿重、眼肌面积计算的育种值作最后选择。为了控制近交系数的上升，每世代不得淘汰多于一个公猪家系和2～3个母猪家系，一产留种，二产杂交组合测定，1年1个世代。每代留下8头公猪，40头母猪继代。

（四）选育技术路线

选育技术路线见图4-1。

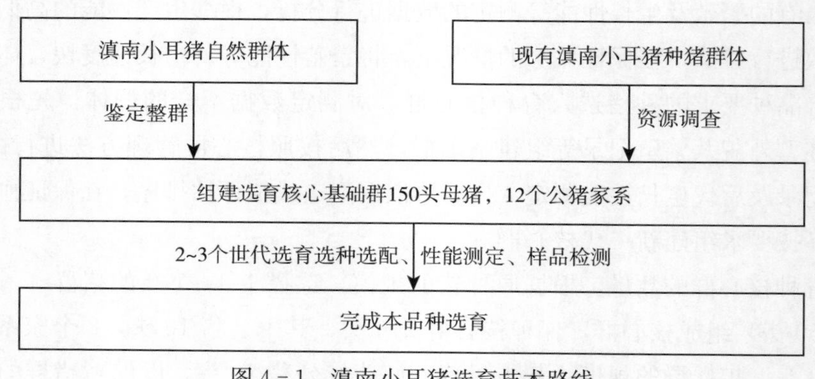

图4-1　滇南小耳猪选育技术路线

（五）种猪选留

后备猪的选留，分以下几个阶段：

1. 第一阶段　断奶初选。

在35日龄断奶时进行称重初选，以窝为单位、出现以下情况进行淘汰。

（1）同窝有单睾、隐睾、漏肠等遗传缺陷。

（2）体质弱、体重低于 4 kg 的。

（3）胎均产仔数少于 4 头的。

（4）体型、毛色不符合本品种特征（无六白、全黑）。

（5）乳头数低于 5 对。

（6）选留数量为每窝公猪选 1～2 头，母猪选 4～6 头。

2. 第二阶段　保育结束二选。

保育结束时进行选择。此阶段出现以下情况应进行淘汰。

（1）体重低于 10 kg（包括 10 kg）、发育迟缓的弱仔或有疾病。

（2）有漏肠、隐睾等遗传缺陷，耳被咬得严重以致耳号不明。

（3）生殖器官发育差，生殖器官损坏，内翻乳头和瞎乳头，有效乳头数在 5 对以下，排列不均匀猪只。

（4）腿跛行，趾蹄小、趾头之间间距小、蹄裂、蹄掌磨损者。

（5）外貌特征不明显的猪只。

（6）选留数量为每窝公猪选 1～2 头，母猪选 3～4 头用于测定；缺额从产仔数高或某一性状特优家系中选留补足，转入后备猪测定舍。

3. 第三阶段　育成三选。

饲养至 35 kg 左右，运用综合指数选择，在符合外貌特征的情况下，按指数高低进行选择，此阶段选择要求包括：

（1）选留育种值高、档案清楚、各项指数高的个体。

（2）选留无内翻乳头和瞎乳头，有效乳头数在 5 对以上（含 5 对），排列均匀整齐的个体。

（3）淘汰同窝中生长慢，有疾病，有遗传缺陷，有应激综合征，肢蹄疾患、跛行、关节肿胀不能治愈的个体。

（4）淘汰生殖器官发育不良、阴囊炎、外阴上翘等个体。

（5）后备猪留种率：母猪按 30%，公猪按 15%进行留种。可根据实际情况，对性状较优秀的后备公、母猪多留。

（6）后备猪选留时，尽量采用各家系等数留种。

（六）种猪群淘汰

1. 配种前淘汰　8 月龄无发情征兆，在一个发情期内连续配种 3 次未受孕

的后备母猪。生长发育差，再现遗传疾患，发生严重传染病，发生普通病连续治疗两个疗程不能康复，有繁殖障碍的后备母猪。

2. 已经产仔的母猪淘汰　头胎母猪淘汰断奶后两个发情期无发情征兆、母性太差、产仔过少、接连两次习惯性流产、配种后连续 3 次以上的未孕的母猪。由于产仔数遗传力低、重复率低，因此头胎产仔数不是评估种猪繁殖性能的可靠依据，对头胎母猪要求不宜太严格。

二胎以上母猪的淘汰依据母猪本身和后裔的成绩，将每头母猪的繁殖情况进行分析，主要分析产仔数、断奶数、断奶到再配种的间隔等指标，做出该母猪能否进核心群的决定。淘汰泌乳能力差、咬仔、难产、累计 3 胎哺乳仔猪成活率低于 60%，窝均产活仔数 4 头以下的母猪。

3. 公猪的淘汰　对年老体衰，体况过肥、过瘦；疾病包括使用不合理造成的疾病如炎症、四肢无法站立、睾丸单边萎缩或肿大等；精液质量差，精液中含血，3 次精液质量检查不合格，采取各种补救措施仍难以恢复的青壮年公猪，应进行淘汰。

三、种猪饲养管理

（一）种公猪的饲养管理

1. 种公猪的饲养　种公猪精液量大，总精子数目多，因此，要消耗较多的营养物质。猪精液中大部分物质是蛋白质，所以种公猪特别需要氨基酸平衡的动物性蛋白质。饲养好公猪的关键有 3 条：平衡的营养、适当的运动、合理的利用，保持三者的平衡就能饲养好。

（1）平衡的营养（蛋白质、微量元素和维生素满足，能量限制），以免体态过肥。

（2）种公猪饲料要有良好的适口性，保持每天的进食量，注意日粮的体积不能过大，防止公猪形成“草腹肚”影响配种，精、青饲料比例控制在 1∶3 以内。

（3）饲喂方式（限量饲喂），料形以颗粒饲料或湿拌饲料为好，日喂次数 3 次较好。

（4）建议公猪使用酸性饲料，母猪使用碱性饲料饲喂，效果较好。

（5）种公猪严禁喂酒糟、发霉变质和有毒的饲料。

2. 种公猪的管理　单圈饲养、适当的运动、刷拭、修蹄、适宜的环境条件（防暑防寒）、定期检查精液品质、固定配种舍、卫生防疫。

3. 种公猪的合理利用

（1）配种年龄　过早或过晚配种，均不利于公猪的健康，一般需达到体成熟和性成熟才能配种。

（2）配种强度　要根据年龄和体质强弱合理安排，如果利用过度就会出现体质虚弱，降低配种能力和缩短利用年限；相反如果利用过少，则身体肥胖，致使性欲不旺盛，精液品质差，造成母猪不受胎。适宜的利用强度，青年公猪（1～2岁），每周配种或采精2次，成年公猪2d配种1次或采精1次；在配种繁忙时，加强营养（在饲料里添加鸡蛋），每天使用1次，连续使用要注意休息。老龄公猪应及时淘汰更换。

（二）种母猪的饲养技术

1. 空怀母猪的饲养管理

（1）饲养　从断奶至配种前的母猪，称为空怀母猪。空怀母猪应有7～8成膘，断奶后7～10d就能发情配种，开始下一个繁殖周期。在饲养上，对体态较瘦的母猪应注意干乳后配种前的短期优饲（饲料能量达4.2×10^6J），这样能促进发情排卵和容易受胎。

（2）管理　可采取单独饲养和群养两种形式，注意圈舍干燥、清洁、温湿度，防止乳腺炎的出现。实践证明，群饲空怀母猪可促进发情，特别是群内出现发情母猪后，由于爬跨和外激素的刺激，可以诱导其他空怀母猪发情，便于管理。此外，还要观察其健康状况，及时发现和治疗病猪。

2. 母猪发情症状　滇南小耳猪比引入品种、培育品种和杂种母猪的发情症状明显。母猪的发情症状表现为神经症状（东张西望、早起晚睡、扒圈跳圈、食欲不振等）；外阴部红肿有黏液流出；接受公猪爬跨，手压背腰部站立不动可视为接受爬跨开始。

3. 发情周期　从上一次发情开始（结束）至下一次发情开始（结束），称为一个发情周期。发情周期约21d，发情持续期视年龄而异，一般初产母猪为5d左右，经产母猪为3d左右，老龄母猪2d左右。一个发情周期分为两个阶段，即发情间歇期和发情持续期。

4. 发情母猪的排卵规律　母猪排卵是在发情后开始的，一般是在发情开始后24～36 h排卵，排卵持续时间长短不等，一般为10～15 h，卵子在输卵管中仅8～12 h内有受精能力。公猪交配时排出的精子在母猪生殖道内要经过2～3 h游动才达到输卵管，精子在母猪生殖道内一般存活10～20 h。按此推算，配种适宜的时间，是母猪排卵前的2～3 h，即在发情开始后19～30 h。若交配过早，当卵子排出时精子已失去受精能力。交配过晚，当精子进入母猪生殖道内时，卵子已失去受精能力，这样都会降低受精率。

5. 发情母猪最适宜的配种时间　应掌握母猪发情排卵规律，然后根据精子和卵子两性生殖细胞在母猪生殖道内保持受精能力的时间来全面考虑。在生产实践中，不易掌握母猪发情排卵的准确时间。因此，多根据母猪发情的外部表现来决定，即外阴部红肿消失，颜色变深且出现皱纹；外阴部流出的黏液少、浓缩，放在食指和拇指中拉长2～3 cm不会断；用手压母猪背腰部表现呆立不动或向人靠拢。从开始发情后的19 h开始配种，一般为初产母猪从开始发情的第3天下午配，连续配3～4次，每次间隔10 h左右；经产母猪从开始发情的第2天早上配，连续配2～3次；老龄母猪从开始发情的第1天下午配，连续配2次，即“老配早，小配晚，不老不少配中间”。

6. 妊娠母猪的饲养管理　养好、管好妊娠母猪保证胎儿能在母体内得到充分的生长发育，防止化胎、流产和死胎的发生；使妊娠母猪每窝产出数量多、初生体重大、体质健壮和均匀整齐的仔猪；并使母猪有适度的膘情和良好的泌乳性能。

7. 母猪妊娠诊断　母猪配种后，经过一个发情周期（18～25 d）未表现发情或至6周后再观察一次，仍无发情表现，则初步判断已经妊娠。其外部表现为疲倦、贪睡、不想动，性情温驯，食量增加，上膘快，皮毛发亮紧贴身，尾巴下垂很自然，阴户缩成一条线。

8. 母猪妊娠期的推算　母猪的妊娠期为110～120 d，平均114 d。常用的推算方法有两种：第一种是“三三三”，把母猪的妊娠期记为3个月3周零3 d；第二种是“四减一”，把母猪的妊娠期记为4个月减去1周。

9. 妊娠母猪的饲养　母猪妊娠后新陈代谢机能旺盛，对饲料的利用率提高，蛋白质的合成增强，成年妊娠母猪所获得的营养物质除供给胎儿的生长发育和恢复体力用之外，将多余的部分储存在体内，为产后泌乳储备营养物质。母猪妊娠期适量饲喂，哺乳期充分饲喂。而配合饲料的饲喂通常是采用妊娠前期（从配种至妊娠80 d，母猪自身增重）喂量少，青料、青贮料满足；妊娠后期（从妊娠 80 d 至产仔前 5 d，胎儿增重）配合饲料饲喂量多，这种饲喂方法效果很好。

10. 妊娠母猪的管理

（1）小群饲养就是将配种期相近，体重大小和性情相近的 3～5 头母猪同一圈饲养，到妊娠后期每圈饲养 2～3 头。

（2）单栏饲养，母猪从空怀阶段开始到妊娠产仔前，均饲养在宽 60～70 cm、长 2.1 m 的栏内。

（3）猪舍要有良好的环境条件，保持猪舍的清洁卫生，注意防寒防暑，有良好的通风换气设备。

（4）保证饲料质量，严禁饲喂发霉变质和有毒饲料，供给清洁饮水。

（5）对妊娠母猪态度要温和，不要打骂惊吓，每天要观察母猪的采食、饮水、粪便和精神状态，做到防病治病，消灭母猪的体内外寄生虫（特别是疥癣）。

11. 母猪的接产技术　做好产前准备，如消毒药液、毛巾、剪刀、照明灯、保温箱、红外线灯等。产前 1 周，对猪体要进行全身冲洗，保持干净。

12. 临产症状　一是乳房变化，产前 1 周乳房开始由后部向前部逐渐下垂膨大，皮肤变红，两排乳头呈“八”字形向外侧张。二是外阴部的变化，母猪产前 3～5 d，外阴部开始红肿下垂、尾根两侧出现凹陷，这是骨盆开张的标志。排泄粪尿的次数增加。三是神经症状，临产前母猪神经敏感，行动不安，起卧不定，采食不好，有的衔草做窝或拱草拱土围窝。护仔性强的母猪变得性情暴躁，不让人接近，有时还咬人。

13. 接产　临产前先用消毒药液擦洗乳房及外阴部（如用 1%高锰酸钾溶液）。母猪产仔时多数侧卧，腹部阵痛。阴门流出羊水，两后腿向前直伸，尾巴向上卷，产出仔猪。胎儿出生时头部先出来的称为头前位，约占总产仔数的 60%，臀部先出来的称为臀前位，约占总产仔数的 40%。这两种均属正常胎位。母猪产仔时保持安静的环境，可防止难产和缩短产仔时间。仔猪出生后先用清洁的毛巾擦去口鼻中的黏液，使仔猪尽快用肺呼吸，然后擦干全身，放到保温箱里进行保温，让仔猪爬行 5～10 min，再断脐带，在距腹部 3～5 cm 处剪断，断面用 5%的碘酒消毒。仔猪出生后应尽快吃到初乳，使仔猪得到营养物质增加抵抗力，又能促进母猪的产仔速度。

14. 哺乳母猪的饲养管理

（1）母猪的泌乳规律：母猪有效乳头有 6～8 对，各个乳腺间不相通连，乳房没有乳池，只有母猪放乳时仔猪才能吃到乳，且放乳时间短。猪乳与其他家畜的乳相比，含水分少，含干物质多，蛋白质含量高，适合仔猪快速生长发育的需要。

（2）初乳和常乳：猪乳可分为初乳和常乳两种。初乳是产仔后3d内所分泌的乳汁，主要是产仔后12h之内的乳汁。常乳是产仔3d后所分泌的乳汁。初乳含水分低，含干物质比常乳高1.5倍，蛋白质含量比常乳含量高3.7倍，但脂肪和乳糖的含量均比常乳低，此外初乳还含有大量的抗体和维生素。

（3）母猪泌乳量的变化：在整个泌乳期间，母猪产后泌乳量逐渐上升，20d达到高峰，以后逐渐下降。

（4）不同乳头的泌乳量不同，哺乳母猪一般是第2对乳头泌乳量最大，泌乳量排列顺序依次为2＞1＞3＞4＞5＞6。

（5）泌乳次数的变化：哺乳母猪的泌乳次数一般是20d前多，20d后少；白天多，夜间少；而母猪的泌乳次数与猪个体本身泌乳性能的高低、泌乳期的长短和饲养管理条件等因素有关。

15. 哺乳母猪的饲养　其饲料应按饲养标准进行配制，保证适宜的营养水平。饲粮要多样化，适口性好，加喂一些优质的青绿饲料，日喂3次，禁喂发霉变质的饲料。

16. 哺乳母猪的管理　对哺乳母猪应实行正确的管理，保证健康，对提高泌乳力极为重要。圈舍要保持良好的环境条件，粪便随时清扫，圈舍地面要清洁干燥，冬季注意保温，夏季防暑。保护母猪的乳头和乳房，圈舍要平坦、不要有尖物。保证充足的饮水，使母猪有正常的泌乳量。饲养员要及时观察母猪采食、粪便、精神状态及仔猪的生长发育，以便判断母猪的健康状态，如有异常及时查明原因，采取相应措施。防止产后出现乳腺炎、便秘、产后瘫痪、产后吃胎衣、子宫内膜炎。

第三节　种猪性能测定

一、种猪性能测定的基本条件

需要有必要的检测设备，如活体测膘仪（A超或B超）、电子秤（磅秤）、肉质评定仪器设备等。测量数据的仪器设备应进行计量检定，达到规定的精度要求，并由专人负责管理和使用。有合格的测定员和兽医人员。测定饲料符合各品种猪营养需要，营养水平相对稳定，测定环境基本一致。有完整的档案记录。

参加性能测定的种猪应编号清楚，有3代以上系谱记录，符合品种要求，生长发育正常，健康状况良好，同窝无遗传缺陷。应在参加性能测定前10 d完成必要的免疫注射。参加性能测定的猪在70日龄以内，体重25 kg以内。

二、测定项目和方法

（一）测定项目

测定项目包括30～100 kg平均日增重（ADG，g）、活体背膘厚（BF，mm）、饲料转化率（FCR）、眼肌面积（LMA，cm^2）、后腿比例（%）、胴体瘦肉率（%）、肌肉pH、肌肉颜色、滴水损失（%）、肌内脂肪含量（%）。

（二）测定方法

个体重达27～33 kg开始测定，至85～105 kg时结束。定时称重，同时记录称重日期、重量，每天记录饲料耗量，计算30～100 kg平均日增重和饲料转化率。

1. 背膘厚测定　采用B超测定倒数第3～4肋左侧距背中线5 cm处背膘，采用A超测定胸腰椎结合处、腰荐椎结合处左侧距背中线5 cm处两点背膘厚平均值。

测定结束后，若屠宰应进行胴体测定和肉质评定。

2. 眼肌面积　在测定活体背膘厚的同时，利用B超扫描测定同一部位的眼肌面积。在屠宰测定时，将左侧胴体（以下需屠宰测定的都是指左侧胴体）倒数第3～4肋的眼肌垂直切断，用硫酸纸绘出横断面的轮廓，用求积仪计算面积。也可用游标卡尺测量眼肌的最大高度和宽度，按式（1）计算：

$$\text{眼肌面积}（cm^2）=\text{眼肌高}（cm）\times\text{眼肌宽}（cm）\times 0.7 \quad (1)$$

计算出的眼肌面积按式（2）进行校正：

$$\text{眼肌面积}（cm^2）=\text{实际眼肌面积}（cm^2）+［100-\text{实际体重}（kg）］\times \text{实际眼肌面积}（cm^2）/［\text{实际体重}（kg）+70］ \quad (2)$$

3. 后腿比例　在屠宰测定时，将后肢向后成行状态下，沿腰荐结合处的垂直切线切下的后腿重量占整个胴体重量的比例，按式（3）计算：

后腿比例＝后腿重量（kg）/胴体重量（kg）×100%　　（3）

4. 胴体瘦肉率　取左侧胴体除去板油及肾脏后，将其分为前、中、后三躯。前躯与中躯以第6～7肋间为界垂直切下，后躯从腰椎与荐椎处垂直切下。将各躯皮脂、骨与瘦肉分离开来，并分别称重。分离时，肌内脂肪算做瘦肉不另剔除，皮肌算做肥肉亦不另剔除，按式（4）计算：

胴体瘦肉率＝瘦肉重（kg）/［皮脂重（kg）＋骨重（kg）＋肉重（kg）］×100%　　（4）

5. 肌肉pH　在屠宰后45～60 min内测定。采用pH计，将探头插入倒数第3～4肋处的眼肌内，待读数稳定5 s以上，记录pH_1，将肉样保存在4℃冰箱中24 h后测定，记录pH_{24}。

6. 肌肉颜色　在屠宰后45～60 min内测定，倒数第3～4肋眼肌横切面用色值仪或比色板进行测定。

7. 滴水损失　在屠宰后45～60 min内取样，切取倒数第3～4肋处眼肌，将肉样切成3 cm厚的肉片，修成长5 cm、宽3 cm的长条，称重用细铁丝钩住肉条的一端，使肌纤维垂直向下。悬挂于塑料袋中（肉样不得与塑料袋壁接触）扎紧袋口后，吊挂于冰箱内，在4℃条件下保持24 h，取出肉条称重按式（5）计算：

滴水损失率＝［吊挂前肉条重（g）－吊挂后肉条重（g）］/吊挂前肉条重×100%　　（5）

8. 肌内脂肪含量　在倒数第3～4肋处眼肌切取300～500g肉样，采用索氏抽提法进行测定。

第四节　选配方法

一、选配原则

第一，避免近交，规避遗传缺陷风险：淘汰有遗传缺陷的个体及同胞。

第二，平衡各家系配种数量：避免有的家系数量过多，而有的家系数量减少，造成家系逐渐损失。

第三，在应用电脑软件选配的基础上，做好各阶段的家系跟踪，监控家系的动态，及时调整各家系的纯繁比例，如果某头公猪后代表现都很优秀，有足够母猪供选配的情况下尽量多配种。

二、配种方法

第一，后备母猪在 6 月龄左右采用本交的方式进行配种。核心群的猪只采用同期发情技术，尽可能在 1 个月内完成配种，有利于性能测定的实施及方便选留过程的管理。

第二，繁殖过程中，严格做好种猪系谱档案的管理与应用。

第三，定期采集公猪精液并进行精液质量检查。

第四，基础群组建后，0 世代繁殖 1 世代进行同型选配，相同外貌特征的进行配种，即公猪家系 1 配母猪家系 1、公猪家系 2 配母猪家系 2，以此类推。

第五，1 世代繁殖：按公猪血缘，把母猪分成 8 个亚群，亚群内母猪血缘较近，亚群间血缘较远，采用公猪与亚群间的母猪车轮式的交配即循环选配，公猪家系 1 配母猪家系 2，公猪家系 2 配母猪家系 3，以此类推；2 世代繁殖：继续循环，公猪家系 1 配母猪家系 3，公猪家系 2 配母猪家系 4，以此类推；3 世代繁殖，公猪家系 1 配母猪家系 4，公猪家系 2 配母猪家系 5。

第六，在实际的配种过程中，若出现家系母猪发情多，种公猪不够用，可根据实际情况调整用其他家系公猪配种。例如，家系 1 母猪发情 5 头，家系 1 的公猪只有一头能配种，则选择家系 2 的公猪来配种。

第七，选入核心群的配种公猪，在其配种期间，每头种公猪最少要配 5 窝，最多只能配 30 窝来留种，若同一头公猪配的窝数过多或者过少，都会导致家系数量不均衡，长此以往，将会导致部分家系数量减少，甚至消失。

第五节　提高繁殖成活率的途径与技术措施

首先，需选好种猪。种猪应具有本品种应有的特征，并根据生产性能测定和同胞测定数据，制定综合选择指数，根据每头猪的综合指数高低，确定是否进入育种核心群。

其次，由于滇南小耳猪有效群体数量较小，所以需要制定好配种计划。制定配种计划时，要注意查清公母猪血缘关系，尽量避免近亲交配，以防近亲交配导致的近交衰退。

最后，加强妊娠母猪的饲养管理，妊娠后期，即妊娠的第 80 天至分娩阶段，保证母猪日粮中高水平的能量和蛋白质供给，添加维生素、微量元素，钙磷比例平衡。加强出生仔猪的管理，采取措施做好出生仔猪的防寒保温工作，让仔猪吃足初乳。并加强看护，防止被母猪压死、踩死。

第五章
滇南小耳猪营养需要与常用饲料

第一节　营养需要

滇南小耳猪不同性别及不同时期有特定的营养需要。

一、母猪营养需要

根据母猪的生理特点，妊娠前期、妊娠后期、哺乳期及空怀期营养需要各不相同。

（一）空怀母猪营养需要

空怀母猪营养要求为每千克配合饲料消化能 11.2 MJ，粗蛋白质水平为12%，钙为 0.7%，磷为 0.5%。母猪膘情要求达到七八成膘，则仔猪断奶后母猪 7～10 d 即可正常发情配种，而且配准率和受胎率均较高。适量饲喂青绿饲料或补加多种维生素添加剂、微量元素等，可促进母猪的发情、排卵和受胎。

（二）妊娠期母猪营养需要

妊娠前期母猪营养需求与空怀母猪类似，但必须注意日粮的全价性，日喂量 2 kg。妊娠后期，尤其是最后 20 多天，胎儿发育加快，必须将日粮营养水平提高，每千克日粮应含有消化能 13.5 MJ、粗蛋白质 12%～13%、钙 0.9%、磷 0.7%，每头每日喂料量 2.6 kg 左右。妊娠后期饲料中加大蛋白质和贝壳粉类饲料的比例，注意不饲喂未脱毒的棉籽饼、酸性过大的青贮料及酒糟等。

（三）哺乳母猪营养需要

哺乳母猪营养需求为每千克日粮应含有消化能14.85 MJ、粗蛋白质14%～15%、钙0.8%、磷0.6%。为防止泌乳期体重下降过快过多，要选用含蛋白质较多的精饲料，适当多喂青绿多汁饲料等。饲料中钙、磷不足，会降低泌乳量，甚至会造成泌乳后期瘫痪或骨折。哺乳母猪饲料品种要相对稳定，发霉变质、有毒、含泥沙的饲料应避免使用。哺乳饲粮中突然增加粗饲料，减少青饲料或喂了含单宁较多的饲料，就会引起母猪便秘。

二、种公猪营养需要

种公猪营养需求为日粮中粗蛋白质水平体重60 kg以下为16%、60 kg以上为14%，钙为0.8%，磷为0.6%，同时保证维生素和微量元素的供给。非配种期营养水平稍低。种公猪配种期日粮比非配种期增加25%。种公猪日粮既要保证一定的能量水平，又要保证蛋白质、无机盐、维生素等的充足供给。

三、仔猪营养需要

蛋白质、能量、维生素和各种矿物质元素等营养按需提供。粗蛋白质水平为12%～18%、钙为0.9%、磷为0.6%等。

四、后备猪营养需要

后备猪营养需求根据体重不同来调整。后备猪体重<15 kg的每千克饲料中含消化能12.8 MJ，粗蛋白质18%；后备猪体重在15～35 kg的每千克饲料中含消化能12.5 MJ，粗蛋白质14%；后备猪体重在35～60 kg的每千克饲料中含消化能10.7～13.5 MJ，粗蛋白质12%，以防止后备猪过肥，失去种用价值。后备猪在体重达60 kg以后，要限制饲喂，并增加一定量的青粗饲料，以防止贪食贪睡而过肥。

五、生长育肥猪营养需要

生长育肥猪营养需求根据体重不同来调整。生长育肥可分为8～15 kg、16～35 kg、36～60 kg 3个阶段。生长育肥猪体重为8～15 kg的每千克饲料消化能13.39 MJ、粗蛋白质16%～18%、钙0.6%、磷0.5%，以及食盐和多种维生素与微量元素；生长育肥猪体重为16～35 kg的每千克饲料消化能12.6～13 MJ、粗蛋白质14%～16%，钙0.5%、磷0.45%及其他各种营养物质；生长育肥猪体重为36～60 kg的每千克饲料消化能13.6 MJ，粗蛋白质8%～12%、钙0.5%、磷0.4%及所需的各种营养物质。

第二节 常用饲料与日粮

滇南小耳猪是我国地方优良原始品种之一，属脂肪型杂食动物，其适应性强，耐粗饲。在西双版纳州养殖小耳猪，其日粮中的饲料原料来源非常广泛，常用饲料主要有：一是青绿饲料类，包括芭蕉秆（香蕉废弃物）、甘薯藤叶和各种蔬菜叶类及野生牧草、树叶、人工牧草等。二是精饲料类，包括玉米、稻谷、麦麸、米糠、豆饼、橡胶籽等。三是各种全价配合饲料和添加剂预混料（含微量元素和维生素）。

一、猪常用饲料种类和营养特点

（一）青绿饲料

青绿饲料是农村家庭养猪的主要原料，也是常用的维生素补充饲料。如果小耳猪日粮缺乏青绿饲料，饲料的消化利用率就会降低，生长速度就会变慢。青绿饲料含无机盐比较丰富，钙磷钾的比例适当。日粮中有足够的青绿饲料，猪很少发生因缺乏无机盐而引起的疾病。青绿饲料种类较多，水分含量高，一般在75%～90%，柔软多汁，适口性好。干物质中粗蛋白质含量高，有些粗纤维低，钙、磷比例适当。青绿饲料适口性较好，但鲜样的消化率较低。随着畜牧业向专业化、标准化、规模化的现代畜牧业方向发展，规模场（户）在生猪养殖过程中，青绿饲料用量逐渐减少且品种单一。但是山区农村家庭散养户还存在以青绿饲料喂猪为主，以降低生产成本，提高生产效益。现将西双版纳州生猪养殖业常用青绿饲料种类介绍如下。

1. 芭蕉秆　芭蕉秆饲喂小耳猪历史悠久，但始于何时，目前无法考证。芭蕉属于芭蕉科芭蕉属，它的同类还有野生芭蕉、美人蕉、厚皮芭蕉等，均为一年生植物。适应热带、亚热带生长，芭蕉的秆、叶、果均适于饲喂猪、牛、羊、禽、大象等动物。其生长快，产量高，适应性强，水分含量高，粗纤维含量高，粗蛋白质含量低，可切碎或打浆饲喂，农村多数与玉米面混合煮熟喂猪。目前，芭蕉秆是农村饲喂小耳猪的主要日粮之一（图 5－1 至图 5－4）。

图 5－1　田间地头种植的芭蕉树

图 5－2　堆放家中准备喂猪的芭蕉秆

图 5－3　切芭蕉秆

图 5－4　切段准备喂猪的芭蕉秆

2. 甘薯藤叶　甘薯为一年生草本植物，其瓜果人类可作粗粮、可加工做成菜肴。甘薯藤叶适于饲喂猪、禽等动物。甘薯藤叶营养丰富，翠绿鲜嫩，香滑爽口，其大部分营养物质含量都比菠菜、芹菜、胡萝卜和黄瓜等高，特别是类胡萝卜素比普通胡萝卜高 3 倍，比鲜玉米、芋头等高 600 多倍。若将甘薯藤蔓剁碎拌糠、酒曲发酵后喂猪，猪肯吃好睡，皮红毛亮，长得快（图 5－5 和图 5－6）。

图 5－5　种植的甘薯藤

图 5－6　准备喂猪的甘薯藤

3. 野苋菜　一年生草本植物，我国各地都有种植。特点是适应性强、产量高、再生力强的夏季饲料作物，生喂熟喂均可。野苋菜干物质中粗蛋白质含量在12.5%左右。一般打浆或者切碎拌料饲喂。缺点是生长期短。

4. 革命菜　革命菜因在革命战争年代，革命老前辈曾用它来充饥，故起名“革命菜”。为菊科植物，又名野茼蒿、安南草。革命菜每百克嫩茎叶含水分93.9g、蛋白质1.1g、脂肪0.3g、纤维1.3g、钙150mg、磷120mg，还含有多种维生素等。适于饲喂猪、禽等动物，可切碎或打浆饲喂。

5. 苦荬菜　苦荬菜属菊科一年生或越年生草本植物。适应性强，产量高，饲喂猪、禽和家兔等效果较好。生长快，再生力强，一般每隔20～25d可收割一次。苦荬菜按干物质计，粗蛋白质含量22%～24%，粗纤维含量13%左右，适口性好，消化率高，营养价值较高。新鲜的苦荬菜粗蛋白质含量为2.6%，其赖氨酸、苏氨酸和异亮氨酸含量在0.16%左右，营养价值较高。苦荬菜鲜嫩、多汁及味微苦，对猪来说适口性好，促进食欲，有健胃效果，在生产中使用有利于防止便秘、提高母猪的泌乳和仔猪的增重。

6. 饲料南瓜　南瓜是葫芦科南瓜属的一个种，一年生蔓生草本植物，茎常节部生根，叶柄粗壮，叶片宽卵形或卵圆形，质稍柔软，叶脉隆起，卷须稍粗壮，雌雄同株，果梗粗壮，有棱和槽，因品种而异，外面常有数条纵沟或无，种子多数长卵形或长圆形。原产墨西哥到中美洲一带，世界各地普遍栽培。明代传入中国，现南北各地广泛种植。其果实作肴馔，亦可代粮食。全株各部又供药用，种子含南瓜子氨基酸，有清热除湿、驱虫的功效，对血吸虫有控制和杀灭的作用；藤有清热的作用；瓜蒂有安胎的功效，根治牙痛。

南瓜中含干物质11%、粗蛋白质0.8%、粗脂肪0.5%、无氮浸出物8%和灰分0.7%。南瓜肉质脆嫩，果肉甜蜜多汁，适口性好，并且富含胡萝卜素和可溶性碳水化合物，易消化。在炎热的夏秋季节，多饲喂些南瓜，可增进食欲，促进消化，提高泌乳量，同时可预防母猪便秘等顽疾。

7. 木瓜　木瓜是番木瓜科常绿软本性乔本，与香蕉、菠萝同称为“热带三大草本树”，是热带、亚热带水果。在20世纪80年代以前，木瓜是农村养猪的主要饲料，其木瓜树心也可喂猪，但营养较低。木瓜富含17种以上氨基酸、维生素及钙、铁等，还含有木瓜蛋白酶、番木瓜碱等。

8. 饲料胡萝卜　我国各地均有种植。特点是易栽培，耐储藏，营养丰富，人畜皆可以食用。其营养价值高，一般含糖6%左右，维生素A含量为每千克

36 mg，胡萝卜素含量为每千克 21.1 mg 且活性强。对猪来说适口性好、消化率高。种猪群饲喂较多，可以提高繁殖力和泌乳力。最大的优点是成本低，一年四季均可以使用（冬季可以储存）。饲喂方法为小块饲喂或者打浆均可。

9. 串叶松香草　串叶松香草又称菊花草，为菊科多年生宿根草本植物。因其茎上对生叶片的基部相连呈杯状，茎从两叶中间贯穿而出，故名串叶松香草。一年生串叶松香草当年植株呈丛叶莲座状，不抽茎，根圆形肥大、粗壮，具水平状多节的根茎和营养根。根茎出数个具有紫红色鳞片的根基芽。第二年每个小根茎形成一个新枝。植株形略似菊芋。株高 1.5～2 m，叶片大，长椭圆形，叶缘有疏锯齿，叶面有刚毛，基叶有叶柄，茎方、四棱茎，叶对生，无柄，茎叶基部叶片相连。据分析测定，含水量为 85.85%，营养成分（占干物质的百分比）：粗蛋白质 26.78%，粗脂肪 3.51%，粗纤维 26.27%，粗灰分 12.87%，无氮浸出物 30.57%。每千克鲜草可消化能 1 750 kJ，可消化蛋白质 33.2 g。鲜草可喂牛、羊、兔，经切碎煮熟或青贮可饲养猪、禽；干草粉可制作配合饲料。

10. 聚合草　聚合草为紫草科多年生草本，有硬毛或糙伏毛。叶通常宽。镰状聚伞花序在茎的上部呈圆锥状，无苞片。花萼 5 裂至 1/2 或近基部，裂片（裂齿）不等长，果期稍增长；花冠筒状钟形，淡紫红色至白色，稀为黄色，檐部 5 浅裂，裂片三角形至半圆形，先端有时外卷，喉部具 5 个披针形附属物，附属物边缘有乳头状腺体；雄蕊 5，着生于喉部，不超出花冠檐，花药线状长圆形；子房 4 裂，花柱丝形，通常伸出花冠外，具细小的头状柱头；雌蕊基平。小坚果卵形，有时稍偏斜，通常有疣点和网状皱纹，较少平滑，着生面在基部，碗状，边缘常具细齿。含丰富的蛋白质，按干物质计可达 23%～24%，粗纤维含量稍高。适于饲喂猪、鸡、兔、牛、羊等，可切碎或打浆饲喂。

11. 菊苣　菊科菊苣属，多年生草本植物。根肉质、短粗。茎直立，有棱，中空，多分枝。叶互生，长倒披针形，头状花序，花冠舌状，花色青蓝。菊苣叶片柔嫩多汁，营养丰富，氨基酸含量丰富，叶丛期 9 种必需氨基酸含量高于苜蓿草粉。维生素、胡萝卜素和钙含量丰富。

12. 水生饲料及其他鲜树叶类饲料　有“三水一萍”，即水葫芦、水花生、水浮莲和绿萍。此类饲料含水量达 95%以上，能值较低，粗蛋白质和其他养分含量亦偏低，故营养价值较低，一般作为猪的饲料。水葫芦在南方种植较多，具有生长快、产量高、适应性强、管理方便等特点。可以做母猪的青绿饲料，但是营养价值较低。饲用时应注意寄生虫病的发生。

13. 紫花苜蓿　苜蓿为豆科多年生草本植物，含有丰富的蛋白质、矿物质、多种维生素及胡萝卜素，特别是叶片中含量更高。紫花苜蓿鲜嫩状态时，叶片重量占全株的50%左右，叶片中粗蛋白质含量比茎秆高 1～1.5 倍，粗纤维含量比茎秆少一半以上。在同等面积的土地上，紫花苜蓿的可消化总养料是禾本科牧草的 2 倍，可消化蛋白质是 2.5 倍，矿物质是 6 倍。在生长育肥猪日粮中适当比例添加会增加胴体瘦肉率，肉质鲜嫩，获得良好的生产性能。紫花苜蓿属于豆科多年生草本植物，特点是适应性强、产量高、品质好。苜蓿的营养成分较高，按干物质计算每千克初花期的紫花苜蓿含粗蛋白质约 20%，粗脂肪 4.5%，无氮浸出物 36%，并且 A 族、B 族维生素含量大。目前使用的形式是将其切割成 5～10 cm 的小段直接饲喂，一般中小养猪场夏季多采用这种形式。冬季将苜蓿脱水或者晒干制成苜蓿粉或者颗粒在配合饲料中使用。在全价饲料中的添加比例一般为 5%～15%。种猪鲜苜蓿的饲喂量为每天 1～2 kg。妊娠前期适当多喂一些，因为适口性好，纤维含量也高，在控料阶段减少饥饿引起的骚动，增加胚胎成活率。

14. 革（割）皮树及其他鲜树叶类饲料　革皮树属多年生灌木林植物，适应热带、亚热带生长，其叶适于饲喂猪、牛、羊、禽、大象等动物。生长快，适应性强，粗纤维高，粗蛋白质低，可切碎煮熟喂猪。目前，革皮树叶是山区农村饲喂滇南小耳猪的主要日粮之一。另外鲜树叶类，林区和树木较多的地方，在不影响树木生长的情况下，可选用对动物无毒害的鲜树叶作为饲料。常用的有桑树叶、辣木叶、槐树叶、榆树叶、柳树叶和杨树叶等。

15. 木薯　木薯又称南洋薯、木番薯、树薯，是大戟科植物的块根。主要分布于热带地区。是灌木状多年生作物。于 19 世纪 20 年代引入中国，木薯的主要用途是食用、饲用和工业上开发利用。块根淀粉是工业上主要的淀粉原料之一。世界上木薯全部产量的 65%用于人类食物，是热带湿地低收入农户的主要食用作物。作为生产饲料的原料，木薯粗粉、叶片是一种高能量的饲料成分。木薯淀粉或干片可制酒精、柠檬酸、谷氨酸、赖氨酸、木薯蛋白质、葡萄糖、果糖等，这些产品在食品、饮料、医药、纺织（染布）、造纸等方面均有重要用途。每 100 g 木薯中含 485 kJ 能量、2.1 g 蛋白质、0.3 g 脂肪、27.8 g 碳水化合物、1.6 g 膳食纤维、35 mg 维生素 C。在西双版纳州主要用作饲料和提取淀粉，其树尖叶、块根，可切碎煮熟喂猪、禽等。此作物在20世纪80年代普遍用于猪饲料，随着木薯的经济价值提升，目前，已开发为经济作物，部分山区农村仍有少量用于喂猪。

16. 芭蕉芋　芭蕉芋又名旱藕、蕉藕、姜芋，为蕉科美人蕉属的植物，是一种很有潜力的淀粉作物，它可以在山地和低地种植。芭蕉芋原产于南美洲等地，在亚洲已成为高价值淀粉的新的原料来源，也是酿造、发酵食品和饲料加工的好原料。芭蕉芋是一种高产优质饲料作物。此作物在20世纪80年代普遍用于喂猪。

17. 芋类　芋类作物主要指具有可供食用块根或地下茎的一类的陆生作物，多年生块茎植物。适应热带、亚热带种植。特点是适应性强、管理粗放、产量高、再生力强，有块茎的如菊芋、魔芋等，有球茎的如水芋、香芋等，有根茎的如生姜、风姜等。这类植物一般耐寒力较弱，多在无霜季节栽培，需要疏松、肥沃、深厚的土壤和多量钾肥。多行无性繁殖，只留块茎作种。块茎多含大量淀粉和糖分，可作蔬菜、杂粮、饲料和制作淀粉、酒精等的原料。其茎叶主要喂猪，有些人类可食用。

18. 蔬菜叶类　近几年来，西双版纳州冬季作物、反季作物及大棚蔬菜迅速发展，其蔬菜类作物种类较多，其废叶是猪、鸡等动物最好的青绿饲料，蔬菜类适应性强、产量高、维生素丰富、适口性好、消化率高，可切碎或打浆喂猪。

（二）精饲料

精饲料是单位体积或单位重量内含营养成分丰富，粗纤维含量低，消化率高的一类饲料。按营养价值分类，凡每千克干物质含消化能11 077 kJ以上，粗纤维含量低于18%，天然水分低于45%的均属精饲料。可分为高能量精饲料，如禾谷类籽实及加工副产品；高蛋白质精饲料，如动物性饲料、豆科籽实及其粮油加工副产品。西双版纳州生猪养殖业常用精饲料种类如下。

1. 玉米　是禾本科玉米属一年生草本植物。秆直立，颖果球形或扁球形，雌雄同株异花，花果期秋季。玉米在我国的栽培历史有470多年。目前我国播种面积在$2\times10^{11}\,m^2$左右，仅次于稻、麦，在粮食作物中居第三位，在世界上仅次于美国。全世界热带和温带地区广泛种植，为重要谷物。

玉米味道香甜，可做各式菜肴，它也是工业酒精和烧酒的主要原料。玉米的代谢能为14.06 MJ/kg，是谷实类饲料中最高的。这主要由于玉米中粗纤维很少，仅2%；而无氮浸出物高达72%，且消化率可达90%；另一方面，玉米中的粗脂肪含量为3.5%～4.5%。据研究测定，每100 g玉米含热量444 kJ，纤维素2.9 g，蛋白质4.0 g，脂肪1.2 g，碳水化合物22.8 g，另含矿物质元素和维生素等。玉米中还含有大量镁，镁可加强肠壁蠕动，促进机体废物的排泄。

玉米是畜禽最重要的饲料原料，其营养价值高。但由于玉米中缺少赖氨酸，因此任何体重的猪其日粮中均应添加赖氨酸。玉米适口性好，能量高，可大量用于猪的混合精饲料中，亦可用于牛、羊、大象的混合精饲料中，但最好与其他体积大的糠麸类饲料并用，以防积食和引起臌胀。

2. 稻谷　稻谷是指没有去除稻壳的籽实，目前人类共确认出22类稻谷。稻谷是我国最主要的粮食作物之一，我国水稻的种植面积约占粮食作物种植总面积的1/4，产量约占全国粮食总产量的1/2，在商品粮中占一半以上。产区遍及全国各地。我国是稻作历史最悠久、水稻遗传资源最丰富的国家之一，中国的稻作栽培至少已有7 000年以上的历史，是世界栽培稻起源地之一。稻谷按其粒形和粒质分为三类：籼稻谷、粳稻谷、糯稻谷。

稻谷含蛋白质8%～12%，脂肪含量较少，约2%，碳水化合物含量多(70%～80%)，而且大部分是淀粉，无机盐的含量为1.5%左右，其中主要是磷和钙。稻谷是B族维生素的重要来源，其中维生素B_1、维生素B_2和尼克酸含量较多。稻谷胚芽中含有较多的维生素E，还含有较多的镁。

3. 麦麸　即麦皮，小麦加工面粉的副产品，麦黄色，片状或粉状。富含纤维素和维生素，主要用途有食用、入药、饲料原料、酿酒等。小麦皮含有丰富的膳食纤维，是畜禽必需的营养元素，可提高食物中的纤维成分，改善大便秘结情况，同时可促使脂肪及氮的排泄，对常见纤维缺乏性疾病的防治作用意义重大。麦皮中含有的B族维生素，不仅在体内发挥着许多作用，而且还是食物正常代谢中不可缺少的营养成分。

4. 米糠　是稻谷加工的主要副产品，传统的米糠也就是现行国家标准米糠，主要是由果皮、种皮、外胚乳、糊粉层和胚加工制成的，因在加工过程中会混进少量的稻壳和一定量的灰尘和微生物，所以只能用于畜禽饲料。

由于加工米糠的原料和所采用的加工技术不同，米糠的组成成分并不完全一样。一般来说，米糠中平均含蛋白质15%、脂肪16%～22%、糖3%～

8%、水分10%，热量大约为125.1 kJ/g。脂肪中主要的脂肪酸大多为油酸、亚油酸等不饱和脂肪酸，并含大量维生素、植物醇、膳食纤维、氨基酸及矿物质等。因此，米糠可以经过进一步加工提取有关营养成分。用于畜牧业的米糠一般主要有全脂米糠和脱脂米糠，脱脂米糠指的是提取米糠中的脂肪即米糠油后的米糠，一般是为了减少米糠脂肪酸败，延长贮存期。米糠营养丰富，是较好的能量饲料，且价格低于玉米和麦麸。

在猪饲粮中适量搭配米糠可降低饲养成本。妊娠母猪前期用量为20%～30%，中期30%～70%，后期30%～50%；哺乳期30～60日龄仔猪至15 kg前，宜在5%～15%，如果用量过多，仔猪不爱吃，并且会引起腹泻；20～40 kg架子猪，用量10%～20%；40 kg以上育肥猪，用量宜在20%～25%。用量在25%以内，其饲用价值相当于玉米。用量超过30%，其饲用价值降低，猪开始挑食，食欲下降，皮肤松弛，并使肥猪的肉质降低。

5. 豆饼　豆饼是大豆（主要是黄豆和黑豆）榨油后的副产品，在各种植物中营养价值最高，可做饲料、肥料。每千克豆饼的干物质中消化能均在12 558 kJ以上，粗蛋白质含量在40%以上，蛋白质的生物学价值高于任何一种饼类饲料。其中畜禽所必需的赖氨酸含量达2.5%～3%，比玉米高10倍。尽管豆饼的营养价值很高，但如在做饲料时不能科学合理使用，也不能发挥出营养价值高的作用。因此，用豆饼做饲料时必须严格注意。

豆饼在猪的日粮中可占10%～20%，再多就会引起腹泻。育肥猪不可多喂，否则将使脂肪变软，影响肉的品质。在奶牛的日粮中，一般每天可饲喂4 kg，能促进产奶。奶牛喂量过多，会使黄油变软。在鸡的日粮中一般可占20%，如果用量再多，会引起腹泻，甚至发生痛风。豆饼含有畜禽所必需蛋氨酸，含量较高，一般为0.5%～0.7%，用棉籽饼、鱼粉、苜蓿草代替一部分豆饼，就可以使畜禽必需的氨基酸得到平衡。尽管粗蛋白质品质较好，也不应单独作为蛋白质饲料使用。由于豆饼中还缺少微生素D与胡萝卜素，铁、钙、磷含量也不丰富，所以用豆饼饲喂各种畜禽都应注意维生素A、维生素D与钙、磷等营养成分的补充。

豆饼，特别是豆粕（溶剂浸油后的副产品）中含有一些有害物质，如抗胰蛋白酶、脲酶、血细胞凝集素、皂角苷、致甲状腺肿因子等。因此，一定要熟喂才能提高其营养价值。一般以加热到100～110℃为宜，农村也可用蒸笼加热处理（水开后再蒸30～50 min），但加热的时间和温度必须适当控制。加热过度，可使豆饼变性，降低赖氨酸和精氨酸的活性，同时还会使胱氨酸遭到破坏。由于豆饼中含脂肪较多（5%左右），易发霉变质，失去饲用价值。因此豆饼应贮存在干燥、通风、避光的地方，以防酸败和苦化，降低适口性。同时防止霉菌的繁殖，避免有害物质（如黄曲霉素）对畜禽的毒害，已发生霉变的不能饲喂，以防中毒。

6. 橡胶籽　橡胶树果实为蒴果，有3层果皮，内果皮在幼果期较薄，以后增厚并木质化，形成坚硬的木质内壳，通常呈球形，常含种子3～4粒，种子椭圆形，长约3 cm，具褐色斑纹，种背常隆起，种腹略扁平。果熟时，自内果皮的外缝线处开裂炸开，弹出种子。橡胶籽可榨油，用途广泛，其籽饼可作为猪鸡饲料，橡胶籽也可直接喂猪。

新鲜橡胶籽含有约9%的粗蛋白质，其必需氨基酸组成优于大豆蛋白，铜、铁、锌、锰、硒等重要微量元素含量高达260 mg/kg，是豆粕的近3倍，是优质的纯天然植物蛋白质资源。橡胶籽含α-亚麻酸约150 mg，在蛋鸡、罗非鱼饲料中以科学的比例和方法加入富含α-亚麻酸、亚油酸的橡胶籽油和油饼，蛋鸡在食用了这种饲料后，在体内酶的作用下转化合成俗称“脑黄金”的二十二碳六烯酸（DHA）和二十碳五烯酸（EPA）等ω-3系列不饱和脂肪酸，然后富集于蛋黄中。初步检测表明，每个“脑黄金”鸡蛋中EPA高达13 mg、DHA高达200 mg，分别为普通鸡蛋的5倍和20倍。罗非鱼则富集于体内脂肪中。通过饲料转为富含EPA、DHA的畜禽产品，则可避免用作烹饪食用油造成摄入大量多不饱和油脂，充分发挥α-亚麻酸的有益功能。

（三）配合饲料

配合饲料是指满足动物的不同生长阶段、不同生理要求、不同生产用途的营养需要，以饲料营养价值评定的试验和研究为基础，按科学配方把多种不同来源的饲料，依一定比例均匀混合，并按规定的工艺流程生产的饲料。

配合饲料除按饲喂对象分类外，还可按基本类型分为下列4种类型。

1. 添加剂预混料　由多种饲料添加剂加上载体或稀释剂按配方制成的均匀混合物。它的专业化生产可以简化配制工艺，提高生产效率。其基本原料添加剂大体可分为营养性和非营养性两类。前者包括维生素类、微量元素类、必需氨基酸类等；后者包括促生长添加物，如抗生素等，保护性添加物如抗氧化

剂、防霉剂、抗虫剂等，抗病药品如抗球虫药等，以及其他激素、酶制剂和着色剂等。添加剂中除含上述活性成分外，也包含一定量的载体或稀释物。由一类饲料添加剂配制而成的称单项添加剂预混料，如维生素预混料、微量元素预混料；由几类饲料添加剂配制而成的称综合添加剂预混料或简称添加剂预混料。

2. 浓缩饲料　又称平衡配合料或维生素-蛋白质补充料。由添加剂、预混料、蛋白质饲料和钙、磷、食盐等按配方制成，是全价配合饲料的组分之一。因须加上能量饲料组成全价配合饲料后才能饲喂，配制时必须知道拟搭配的能量饲料成分，方能保证营养平衡。如饲养生猪，育肥前期浓缩饲料通常占全价配合饲料的30％，能量饲料占70％，俗称“三七料”；到了育肥后期，则前者占20％，后者80％，俗称“二八料”。

3. 全价配合饲料　饲喂单胃家畜的一种饲料，由浓缩饲料配以能量饲料制成。能量饲料多用玉米、高粱、大麦、小麦、麸皮、细米糠、甘薯粉、马铃薯和部分动、植物油等为原料。全价配合饲料可呈粉状，也可压成颗粒，以防止饲料组分的分层，保持均匀度和便于饲喂。颗粒饲料较适于肉用家畜与鱼类，但成本较高。

4. 精饲料混合料　由浓缩饲料加上能量饲料配成，但饲用时要另加大量青、粗饲料。配合饲料生产需要根据有关标准、饲料法规和饲料管理条例进行，有利于保证质量，并有利于人类和动物的健康，也有利于环境保护和维护生态平衡。配合饲料可直接饲喂或经简单处理后饲喂，方便用户使用，方便运输和保存，减轻了用户劳力。饲料占养殖成本的70％，饲料原料的质量、价格直接影响到配合饲料的品质和成本。

在饲料加工生产过程中，能否配制出既满足动物的营养需要及生理特点，又具有最低的配方成本和最佳的饲养效果的日粮，直接关系到企业的经济效益和信誉。日粮配合有利于经济合理地利用当地的各种饲料资源，取得最大的社会效益，且有助于充分发挥动物的遗传潜力，提高动物的生产效率和企业的经济效益。

（四）西双版纳州小耳猪常用配合饲料的种类和营养特点

目前，云南邦格农业集团从事小耳猪产业开发所使用的饲料配方分别见表5-1至表5-6。

表 5-1　滇南小耳猪妊娠母猪饲料配方（粒）

序号	原料	配比（%）	每吨饲料中含量（kg）	成本（kg/元）	成本合计（元）	备注
1	玉米	46.9	469	1.95	914.55	老挝
2	豆粕（46%）	14	140	3.08	431.2	大海
3	米皮	5	50	1.60	80.00	本地
4	混合糠	30	300	0.60	180.00	本地
5	354 妊娠母猪预混料（4%）	4	40	7.00	280.00	上海卜蜂
6	脱霉剂	0.1	1	60.00	60.00	河北远征
	合计	100	1 000		1 945.75	CP=12%
1	损耗				28.69	1.50%
2	包装费				35.00	白袋+内膜
3	搬运费				15.00	
4	加工费				170.00	
	合计				2 194.44	

表 5-2　滇南小耳猪哺乳母猪饲料配方（粒）

序号	原料	配比（%）	每吨饲料中含量（kg）	成本（kg/元）	成本合计（元）	备注
1	玉米	50.9	509	1.95	992.55	老挝
2	豆粕（46%）	20	200	3.08	616.00	大海
3	米皮	10	100	1.60	160.00	本地
4	混合糠	15	150	0.60	90.00	本地
5	364 哺乳母猪预混料（4%）	4	40	8.00	320.00	上海卜峰
7	脱霉剂	0.1	1	60.00	60.00	河北远征
	合计	100	1 000		2 238.55	CP=15%
1	损耗				33.76	1.50%
2	包装费				35.00	
3	搬运费				15.00	
4	加工费				170.00	
	合计				2 492.31	

表 5-3 滇南小耳猪仔猪饲料配方（粒：破碎）

序号	原料	配比（%）	每吨饲料中含量（kg）	成本（kg/元）	成本合计（元）	备注
1	玉米（二次熟化）	66.5	665	1.95	1 296.75	老挝
2	豆粕（46%）	28	280	3.08	862.40	大海
3	米皮	2	20	1.60	32.00	本地
4	5011 小猪预混料（1%）	1	10	15.00	150.00	昆明三正
5	磷酸氢钙	1.2	12	1.96	23.52	
6	石粉	0.6	6	0.50	3.00	
7	食盐	0.3	3	1.00	3.00	
8	小苏打	0.1	1	2.00	2.00	
10	PK100 复合酶	0.1	1	45.00	45.00	广东东莞
11	艾维酸（酸味剂）	0.1	1	15.00	15.00	上海正正
12	脱霉剂	0.1	1	60.00	60.00	河北远征
	合计	100	1 000		2 492.67	CP=18%
1	损耗				36.66	1.50%
2	包装费				35.00	
3	搬运费				15.00	
4	加工费				170.00	
	合计				2 749.33	

表 5-4 滇南小耳猪保育仔猪饲料配方（粒）

序号	原料	配比（%）	每吨饲料中含量（kg）	成本（kg/元）	成本合计（元）	备注
1	玉米	61.5	615	1.95	1 199.25	老挝
2	豆粕（46%）	20	200	3.08	616.00	大海
3	米皮	5	50	1.60	80.00	本地
4	混合糠	10	100	0.60	60.00	本地
5	5011 小猪预混料（1%）	1	10	15.00	150.00	昆明三正
6	磷酸氢钙	1.2	12	1.96	23.52	
7	石粉	0.6	6	0.50	3.00	
8	食盐	0.3	3	1.00	3.00	
9	小苏打	0.1	1	2.00	2.00	

（续）

序号	原料	配比（%）	每吨饲料中含量（kg）	成本（kg/元）	成本合计（元）	备注
10	PK100复合酶	0.1	1	45.00	45.00	广东东莞
11	艾维酸（酸味剂）	0.1	1	15.00	15.00	上海正正
12	脱霉剂	0.1	1	60.00	60.00	河北远征
	合计	100	1 000		2 256.77	CP=15%
1	损耗				34.03	1.50%
2	包装费				35.00	
3	搬运费				15.00	
4	加工费				170.00	
	生产成本合计				2 510.80	

表5-5 滇南小耳猪育成猪饲料配方（粒）（1）

序号	原料	配比（%）	每吨饲料中含量（kg）	成本（kg/元）	成本合计（元）	备注
1	玉米	52.7	527	1.95	1 027.65	老挝
2	豆粕（46%）	10	100	3.08	308.00	大海
3	菜籽粕（36%）	4	40	2.50	100.00	罗平
4	米皮	10	100	1.60	160.00	本地
5	混合糠	20	200	0.60	120.00	本地
6	5012S中猪预混料（1%）	1	10	12.5	125.00	昆明三正（1%中猪料）
7	磷酸氢钙	1.2	12	1.96	23.52	
8	石粉	0.6	6	0.50	3.00	
9	食盐	0.3	3	1.00	3.00	
10	小苏打	0.1	1	2.00	2.00	
11	脱霉剂	0.1	1	60.00	60.00	河北远征
	合计	100	1 000		1 932.17	CP=12%
1	损耗				29.43	1.50%
2	包装费				35.00	
3	搬运费				15.00	
4	加工费				170.00	
	合计				2 181.6	

表 5-6 滇南小耳猪育成猪饲料配方（粒）（2）

序号	原料	配比（%）	每吨饲料中含量（kg）	成本（kg/元）	成本合计（元）	备注
1	玉米	47.4	474	1.95	924.30	老挝
2	菜籽粕（36%）	5	50	2.50	125.00	罗平
3	米皮	10	100	1.60	160.00	本地
4	混合糠	35	350	0.60	210.00	本地
5	5012 大猪预混料	0.6	6	9.50	57.00	昆明三正（1%大猪料）
6	磷酸氢钙	1	10	1.96	19.6	
7	石粉	0.5	5	0.50	2.50	
8	食盐	0.4	4	1.00	4.00	
9	小苏打	0.1	1	2.00	2.00	
	合计	100	1 000		1 504.4	CP=8%
1	损耗				24.80	1.50%
2	包装费				35.00	
3	搬运费				15.00	
4	加工费				170.00	
	合计				1 749.2	

二、不同类型饲料的合理加工与利用方法

猪的全价配合饲料的加工是一个比较复杂的过程，加工通常包括粉碎、混合、成型这些基本工序，但具体的工艺布置和加工参数应根据饲料种类和所用的饲料原料进行相应调整，因为不同的原料配方对成型饲料的品质有很大的影响。其中，原料特性包括物料的容重、粒度、含水量、黏结性等，这些因素都影响着饲料产品质量和品质。因此，在饲料配方中，要适当考虑饲料原料特性，调整配方使之具有较好的制粒性能。而在加工工艺上，则要根据不同饲料原料和配方，选择合理的加工与利用方法。

（一）规模场（户）不同类型饲料的合理加工与利用方法

根据小耳猪生长特点及当地饲料来源，因地制宜，把不同类型的饲料经合理搭配加工成颗粒饲料。制成的颗粒饲料营养全面、利于猪群采食、不浪费，饲料能得到合理利用。例如，西双版纳邦格牧业有限公司小耳猪哺乳母猪饲料

配方（粒）：玉米 50.9%、豆粕（46%）20%、米皮 10%、混合糠 15%、364 哺乳母猪预混料（4%）4%、脱霉剂 0.1%。此日粮配方把不同类型的饲料合理搭配加工成颗粒饲料，其营养成分消化能 13.6 MJ、粗蛋白 15%，钙 0.5%、磷 0.45%，而生产成本仅为 2 181.6 元/t（2014 年价）。目前，部分规模养殖户和养殖合作社，采取放养方式，早晚补饲，节约饲养成本，提高猪肉品质。

（二）农村家庭散养户不同类型饲料的合理加工与利用方法

由于山区或半山区植物资源丰富，青绿饲料充足，农户在养殖小耳猪的过程中，为充分发挥当地植物资源，按照当地习俗将采集来的芭蕉秆、甘薯藤叶、木瓜等切碎煮熟喂猪，条件好点的家庭拌一些玉米面、米糠饲喂。部分农户将青饲料切碎或打浆拌玉米面、米糠生喂。这种养猪方式，我们称为吊架子育肥法。农村能够充分利用当地青绿饲料资源合理搭配并加工成粗制饲料喂猪，这种养猪方式饲养的猪，其肉质鲜嫩、皮薄骨细，生产成本较低，但存在的缺点是生长速度慢，生产周期长。

三、滇南小耳猪的典型日粮结构

由于滇南小耳猪属脂肪型杂食动物，有早熟易肥、耐粗饲、生长慢等特点。因此，在配制日粮时，要根据不同日龄阶段猪的饲养标准和所应提供的饲料养分，品种特有的生物特点、生产方向及生产性能，并参考形成该品种所提供的营养条件的历史，综合考虑品种的特性和饲料原料的组成情况，对猪体和饲料之间营养物质转化的数量关系，以及可能发生的变化作出估计后，科学设计配方，使饲料养分得以更加充分地利用。滇南小耳猪品种日粮结构与其他猪品种日粮有所差异，主要表现在能量饲料消化能高、粗蛋白质含量低。目前，西双版纳州小耳猪日粮结构主要表现为两种形态：一是规模场（户）以配合饲料为主，青绿饲料为辅；二是农村散养户以青绿饲料为主，玉米面（米糠）为辅，如用芭蕉秆、甘薯藤叶、木瓜等青绿饲料+玉米面（米糠）混合煮熟喂猪或生喂。下面分别介绍 2 种常用日粮结构。

（一）规模场（户）常用配合饲料日粮结构

育成猪饲料配方（粒）：玉米 52.7%、豆粕（46%）10%、菜籽粕

(36%）4%、米皮10%、混合糠20%、5012S中猪预混料（1%）1%、磷酸氢钙1.2%、石粉0.6%、食盐0.3%、小苏打0.1%、脱霉剂0.1%。该配方营养成分：消化能12.6～13 MJ，粗蛋白质12%，钙0.8%，磷0.5%。每日补充青绿饲料1～2 kg，配合饲料自由采食。

（二）农村散养户常用混合饲料日粮结构

芭蕉秆、甘薯藤叶、木瓜＋玉米面煮熟喂猪，芭蕉秆、蔬菜叶类、饲料南瓜＋米糠煮熟喂猪，芭蕉秆、芋类苗秆、革（割）皮树叶＋芭蕉芋＋米糠煮熟喂猪。每日放养，早晚补饲。

第六章 滇南小耳猪饲养管理技术

西双版纳历史上有“傣莫灵姆咩，（仆）蛮莫灵麻咩”的傣语，意思是：傣族不养母猪，布朗族不养母马，这已形成传统习俗。西双版纳历来山区多养母猪，坝区多养育肥猪。山区民族历来有选留种猪的习惯，特别重视母猪的选留。一般每村（寨）选留一头公猪负责全村（寨）母猪的配种。也有部分山区习惯用小公猪“回交”，待母猪受孕后公猪即行去势，此时公猪 4 个月左右。新中国成立后，公猪的饲养管理一般由集体养猪场负责饲养，但是没有技术上和饲养上的合理管理，公猪任其粗放野放，早交乱配，又不注意更替或交换公猪，故近亲繁殖现象普遍。

山区民族采用“吊架子”的饲喂方法，秋后开始催肥，催肥期为 2～3 月，饲养期为 2 年左右，饲养水平稍高时可达 100 kg 左右。坝区傣族则利用小耳猪边长边肥的生物学特性，习惯采用“一条龙”的饲养方法，养得好的一年可达 100 kg 左右，一般在 60 kg 左右，养的差的通常在 40 kg 左右。通常断奶后饲养 1 年左右即可出售。农户一般养猪无圈养的习惯，有也是季节性圈养。农户普遍没有猪圈，少数有竹木栏猪圈的人家也只是晚上关猪，不在圈内喂养。日喂 2～3 餐熟食，食后即任其游走觅食。精饲料以米糠为主，其次为玉米、碎米、甘薯、木薯、酒糟，青粗料以芭蕉秆、芭蕉芋、革（割）皮树叶、水葫芦、水菜等为主，其次为翻白叶、明角菜、苋菜等。山区除催肥期补加精料外，无分群和补饲的习惯。以青粗饲料为主食，拌少量的精饲料，经切细煮熟后掺上冷水稀喂。

边疆山场宽广，荒地较多，为猪提供了良好的天然放牧场所，森林中锥栗野果成熟之季，早上空腹而出，晚上饱腹而归。坝区秋收之季驱猪放牧，在田间寻食遗谷、嫩草、螃蟹、螺蛳，使当地小耳猪具有觅食力强，耐粗放饲养的特点。为了防止牲畜毁坏庄稼，田园、菜圃需要围上篱笆，有的游牧母猪还要套上三角形颈枷。西双版纳具有得天独厚的气候资源和优势自然条件，可以喂猪的野草、野菜较多，妇女做活归家时都要带上一背箩猪草。猪饲料除了有粮食及其副产物外，村寨附近还种植薯类、芭蕉芋、水葫芦、瓜菜等。

20世纪60年代，伴随着农业合作社的发展，养猪技术的宣传，已有一部分农户建猪圈养猪，增加了人工投料喂养，但大部分农户仍然放养。1983年，西双版纳州号召推广配合饲料养猪，随后又在各县农村举办了科学养猪试验示范，在坝区一些养猪专业户、重点户实现了“五改”：一改放养为圈养；二改单一饲料为混合饲料；三改熟喂为生喂，稀料为湿料；四改不接受防疫注射为按时预防接种，定期驱虫；五改养长命猪为快速育肥后适时出栏。通过养猪技术改造，提高了生猪出栏率，缩短了育肥期，降低了养猪成本。

采用散养的方式的选择果园、天然林区、农舍周围区域等为场地；采用舍饲放养相结合方式，采取白天放牧早晚补料。补料采用天然五谷杂粮或小耳猪专用无公害饲料。放牧既可以降低生产成本同时又可以保证小耳猪的独特风味。

随着滇南小耳猪养殖的推广，养殖、销售规模的不断扩大，对小耳猪养殖的相关技术提出了新的要求，尤其是猪群的饲养管理。

第一节　仔猪培育特点和培育技术

一、临产期母猪的饲养管理

临产前母猪的饲养是养猪生产的重要环节，妊娠母猪预产前21 d免疫注射仔猪大肠杆菌病K88. LTB双价基因工程活疫苗，可极大地减少母猪产仔后仔猪发生黄白红痢的概率。仔猪发生黄白红痢在仔猪饲养中比较常见，直接影响仔猪的生长，容易造成仔猪的死亡，在实践工作中应提前做好哺乳母猪的预防，同时要重视加强哺乳母猪的饲养管理，保障母猪分娩安全，尽可能提高仔猪存活率；分娩后，母猪进入哺乳期。泌乳是母猪的重要生理功能，母乳中含有仔猪所需要的多种营养物质，特别是初乳含有丰富的免疫蛋白，仔猪能及时吃上初乳可以提高仔猪的抵抗力，减少疾病的发生。母乳是仔猪出生后的主要营养来源。提高母猪的泌乳力，既能促进仔猪的生长发育，提高仔猪的哺育率，又可避免母猪在哺乳期内消瘦，是饲养泌乳母猪的主要任务。仔猪越早诱食、开食，仔猪生长得越好，减轻哺乳母猪的负担，为提前断乳做好准备。

（一）分娩前的准备

母猪在配种时就做好记录，根据母猪的预产期推算法，“333”：3 个月 3 周 3 d，平均 114 d，在母猪产前 60 d 加强营养，临产前 5～10 d，应准备好产房，产房要求干燥（相对湿度 60%～75%）保温，去高热，保持产房凉爽，空气新鲜，由于西双版纳属亚热带气候，全年气温偏高，猪圈设计为半开放式，避免阳光直接照射。在冬季和早春做好防风保暖，夏季注意防暑，产房可利用 3%～5%的石炭酸、2%～5%的来苏儿或 2%～3%的氢氧化钠溶液进行消毒，另外要准备充足的垫草和分娩用具，避免分娩母猪直接睡在水泥地板上，也可用木板搭建地板，上产床前母猪全身冲洗干净，保持产床清洁卫生，减少初生仔猪的疾病，产前要将猪的腰部，乳房及阴户附近的污物清除，然后用 2%～5%来苏儿溶液消毒并且清洗干净。

（二）分娩过程

1. 胎儿的产式　母猪在分娩前，母猪腹部可明显地看到胎动，轻挤母猪乳头滴出乳汁，频频排尿。在正常分娩开始之前，其胎儿在子宫内保持特有的位置，也就是说，在分娩时表现出一种胎位，以便通过骨盆带。猪有两个子宫角，产出的每头仔猪从子宫颈端开始有顺序进行，其产式无论是头先出或尾和臀部先出都不影响母猪生产，不至于造成难产。

2. 分娩过程　分娩可分为准备阶段、产出胎儿、排出胎盘及子宫复原 4 个阶段。

（1）准备阶段　母猪储备足够的能量进行分娩，此时的母猪肥胖适度，临近分娩，肌肉的伸缩性蛋白质即肌动球蛋白数量增加，质量提高，具备了产出胎儿需要的能量和蛋白质，母猪激素浓度很快上升，雌激素活化而促使卵巢及胎盘分泌松弛激素，结果导致耻骨韧带松弛，产道加宽子宫颈扩张。由于子宫和阴道受刺激信号由离心神经传导到下丘脑的视上核和旁室核合成催产素。通过下丘脑的神经纤维直接释放到垂体后叶，经血液输送刺激子宫平滑肌收缩；子宫开始收缩，迫使胎儿被推向已松弛的子宫颈，促进子宫颈再扩张，子宫周期性收缩每次 15 min，每次收缩持续时间 20 s，随着收缩的频率和强度持续时间增加，压迫胎儿推向子宫颈，准备阶段开始后不久；大部分胎盘和子宫的联系分开而脱离。

准备阶段结束时，由于子宫颈扩张而使子宫和阴道形成一个开放性的通道，从而促使胎儿进入骨盆入口，尿囊绒毛就在出处破裂，尿囊液顺着阴道流出体外，整个准备阶段为2～6 h，超过6～12 h为分娩困难。

（2）产出胎儿　当胎儿进入骨盆入口时引起了膈肌和腹肌的反射性和随意性收缩，使腹腔内压升高，导致羊膜囊破裂，这种压力的升高伴随着子宫的收缩迫使胎儿通过阴户排出体外。正常分娩需1～4 h，每头仔猪生出间隔时间为5～20 min，分娩时间在5～12 h及以上可能出现难产，产出的胎儿身上附着胎膜，大部分胎膜破裂，少部分胎膜未能破裂，完全包住胎儿，不及时处理，胎儿就会窒息死亡，饲养员在接生时用消毒过的毛巾、布及时擦净胎儿身上的膜和口鼻中的黏液。

（3）排出胎盘　一般正常分娩结束10～30 min内胎盘排出。排出的胎衣及时清理，防止母猪因吃胎衣养成吃仔猪的恶癖。

（4）子宫复原　胎儿和胎盘排出之后，经过几周时间子宫恢复到正常未妊娠时的大小。

二、仔猪的接生

临产母猪表现出行动不安，起卧不定，食欲减退，衔草作窝，乳房膨胀和具有光泽，能挤出乳汁，频频排尿，有了这些征兆，一定要有专人看管，做好接产准备工作。

（一）断脐

先将脐带内的血液向仔猪腹部方向挤去，然后在距离腹部4 cm处把脐带用手指掐断，断处用碘酒棉球消毒，若出现流血，可用手指捏紧脐带断头，到不出血为止，有些仔猪出生脐带缠绕仔猪颈部，不及时断脐仔猪容易窒息死亡。

（二）仔猪编号

利用耳号钳在猪耳朵上打缺口“左大右小，上1下3，上10下30，右耳尖为100，左耳尖缺口为200”，每头猪的耳号就是实际耳朵缺口代表数字之和，通过耳号区分每头仔猪。规模化猪场用耳标钳加挂二维码耳标。

（三）称重记录

每头出生仔猪称重，登记分娩卡片。

（四）吃初乳

做完上述工作后，立即将仔猪送到母猪身边固定乳头吃乳，个体小的排在前面，有个别仔猪生后不会吃乳，需人工辅助。

（五）假死仔猪的急救

有的仔猪产出后呼吸停止，但心脏仍在跳动，称为“假死”。急救办法以人工呼吸最为简便，操作时可将仔猪的四肢朝上，一手托着肩部，另一手托着臀部，然后一屈一伸反复进行，直到仔猪叫出声后为止；也可倒提仔猪，擦干净仔猪口鼻黏液，轻拍仔猪臀部，到仔猪叫出声后为止；另外也可采用在鼻部涂酒精等刺激物或针刺的方法来急救。对救活的假死仔猪应人工辅助哺乳，特别护理2～3 d使其尽快恢复健康。

（六）及时助产

母猪长时间剧烈疼痛后，但仔猪仍不能产出，有时两胎儿的产出间隔时间过长，这时如无强烈努责，虽然产出较慢，对胎儿的生命尚无危险。但如曾经强烈努责，而下一个胎儿未能产出时，则有可能窒息死亡。这时可用手掏出胎儿，也可注射催产药物，促使胎儿排出，死胎主要发生在最后几个胎儿，所以在胎儿产出后期有胎儿未产出时，必须用药物催产。如注射催产素无效时可采用人工助产，施行人工助产手术前，助产员清洗双手及手臂并消毒，同时将母猪后躯、肛门和阴门用0.1%高锰酸钾溶液洗净，然后助产人员将左手五指并拢，成圆锥状，沿着母猪努责慢慢将仔猪拉出，手术后为母猪注射抗生素或其他抗炎症的药物，助产无效时，可以采用剖腹手术。

（七）检查胎衣

猪胎衣排出后，检查它是否完整和正常，以便确定是否有部分胎衣不下的情况，将胎衣放在水中观察比较清楚。通过核对胎儿和胎衣上脐带断端的数目，来确定胎衣是否已全部排出，检查完后将胎衣及时埋掉，以防母猪吃胎衣造成食仔恶癖。

三、训练饮水

水是猪每天食物中最重要的营养物质，仔猪生长发育速度快，而母乳中的能量又高，因此需要大量水分，随时饮用足够量的清洁水。1周龄的仔猪，每千克体重日需水量为180～240 g，4周龄的仔猪，每千克体重日需水量为190～255 g。

饮水可用符合饮用标准的自来水或深井水，有条件的安装自动饮水器。猪用自动饮水器的种类很多，有鸭嘴式、乳头式和杯式等，应用最为普遍的是鸭嘴式自动饮水器。一个产床安装两个，高、低各一个。

鸭嘴式猪用自动饮水器，一般有大小两种规格，乳猪、保育仔猪用小型的，妊娠母猪、泌乳母猪用大型的，饮水器的安装角度有水平和45°两种，离地高度随猪体重变化而变化。

乳头式自动饮水器的最大特点是结构简单，由壳体、顶杆和钢球三大件组成。猪饮水时，顶起顶杆，水从钢球、顶杆与壳体的间隙流出至猪的口腔中，猪松嘴后，靠水压及钢球、顶杆的重力，钢球、顶杆落下与壳体密接，水停止流出。这种饮水器要减压使用，否则流水过急影响猪喝水，而且流水飞溅，浪费用水，一般单设水箱，减轻水压，有利投药。

没条件装自动饮水器的采用水槽饮水，要注意经常换水，保持水质清洁卫生。否则仔猪饮到污水、脏尿，容易诱发生病。

四、记录

（一）公猪档案

包括配种情况、采精记录、精液情况、精液活力密度等，由配种舍负责人记录。

（二）母猪档案

配种记录包括发情日期、配种日期、与配公猪、返情日期、预产期等。由配种舍负责人记录。

（三）产仔记录

包括产仔日期，产仔总数，正常仔数，畸形、弱仔和木乃伊胎头数，初生重等。每头仔猪出生后做好编号，输入档案，形成猪的系谱，断乳日期由产房负责人或产房专门编号员记录。

五、仔猪留种或去势

（一）留种

种猪选留详情参见第四章相关内容。

（二）去势

将不留做种用的仔猪在断奶前进行去势，然后进行育肥。去势时要彻底，切口不宜太大，术后5%碘酊消毒，去势时3～4周龄最佳，因为仔猪在此周龄去势，伤口愈合快，应激小，固定容易，管理也比较方便。为防止去势引起的仔猪不良反应，在外界环境恶劣和生病时不宜去势。

1. 准备工作　主要是卫生方面，尤其是饲养术后猪只的栏位。如有可能，去势手术应选择干燥凉爽的天气进行，并且尽量避免对猪只造成不必要的刺激。术前停食，使肠内容物减少，有利于手术顺利进行，缩短手术时间。术后停食，主要是减轻腹内压，防止肠从刀口脱出，造成创伤性腹疝和意外死亡。

2. 设备　需要准备一把手术刀、纱布、消毒剂和容器等。如果一人操作，可采用去势笼固定猪只。

3. 去势操作

（1）公猪去势术　将仔猪倒提，两后肢放在左手上，使腹部朝向术者，然后除大拇指外其余四指紧握仔猪后肢，大拇指顶住仔猪睾丸。以反挑式持刀最便于操作，注意持刀的手无名指和小指一定要放在仔猪臀部作为支点，这样就可以准确控制切口大小。用酒精棉球擦净仔猪阴囊部皮肤后，在两个睾丸之间做一个切口，切口大小视睾丸大小而定，一般在1 cm左右即可，然后手术刀倾斜向一侧睾丸切开阴囊，用右手的无名指和小指握住刀柄，用其余三个手指挤出睾丸，撕断鞘膜韧带和精索，摘除睾丸（也可以用左手大拇指压住睾丸，用手术刀切断鞘膜韧带和精索)，还在原来的切口处手术刀倾斜向另一侧睾丸切开阴囊，摘除另一侧睾丸，切口涂碘伏消毒。

(2) 母猪去势术　小母猪去势术俗称“小挑法”，是指对母仔猪摘除卵巢、子宫体及两个子宫角的一种方法。在手术过程中，保定要牢固，手术刀不要太锋利，防止因猪只乱动，手术刀刺破背中动脉和肠管而导致其死亡。切口要把握好，稍前是肠，稍后是膀胱。正确方法是左手中指抵在左侧髋结节，大拇指于左列乳头外侧离乳头 2～3 cm 向下按压，使拇指和中指的连线与地面垂直，刀从拇指处刺入就是最佳部位。

4. 手术后防止出血　已施术与没有施术的猪只不要混合，防止相互挤压，增加出血。在炎热的夏天，手术最好在早上和晚上施行，对一些出血较多的要注射止血针。必要时，对猪全身喷些冷水，可减少出血量。

5. 严格消毒，防止感染　对手术部位要严格消毒，最好用5%的碘酒，可防止破伤风的发生。栏舍要干燥、清洁，最好用消毒液对栏舍杀菌，防止感染。

6. 必要时缝针　小挑法手术一般不需要缝合，但对那些个体较小，腹膜层薄，或手术过程中有扩创的猪只必要时缝上一针，皮肤与腹膜一起缝，这样可以避免手术意外。

六、仔猪的饲养管理与断奶技术

(一) 提早开食补料

仔猪初生 5 d 开始诱食，1 周后，前臼齿开始长出，喜欢啃咬硬物磨牙，这时可向料槽中投少量易消化的香甜味的颗粒料，供哺乳仔猪自由采食，训练仔猪采食饲料。每日在料槽中少投勤加，保持补饲栏内清洁卫生。提早开食补料，可以满足仔猪快速生长发育对营养物质的需要，提高日增重，还可以刺激仔猪消化系统的发育和完善，防止断乳应激反应，出现胃肠功能疾病，为断乳平稳过渡打好基础。

(二) 初生仔猪的管理

母猪按预产期进产仔舍产仔，在产仔舍内饲养 4～5 周；仔猪 28～35 d 断乳，仔猪断乳当天母猪转入配种舍，断乳仔猪在栏中饲养 3～5 d 后转入保育舍，如果有特殊情况，可将仔猪进行合并寄养，这样不负担哺乳的母猪可以提前转回配种舍等待配种。

1. 加强哺乳母猪饲养管理，增加泌乳量　哺乳母猪，每天饲喂 2～3 次，产前 3 d 开始减料，渐减至日常量的 1/3～1/2，产后 3 d 恢复正常，自由采食直至断乳前 3 d。喂料时若母猪不愿站立吃料，应赶起。产前产后日粮中加 0.75%～1.5%的轻泻剂（小苏打或芒硝），以预防产后便秘，夏季日粮中添加 1.2%的 $NaHCO_3$ 可提高采食量。哺乳期内注意环境安静、圈舍清洁、干燥，做到冬暖夏凉。随时观察母猪的采食量和泌乳量的变化，以便针对具体情况采取相应措施。

仔猪初生后 2 d 内注射“富来血”铁剂 1 mL，预防贫血；口服抗生素，如庆大霉素 2 mL，以预防腹泻。注射亚硒酸钠维生素 E 0.5 mL，以预防白肌病，同时也能提高仔猪对疾病的抵抗力；如果猪场呼吸道病严重时，鼻腔喷雾卡那霉素加以预防。

2. 加强分娩看护，减少分娩死亡　母猪分娩持续时间长，须专人守护，母猪分娩时应保持安静，如果分娩间隔时间超过 30 min，应观察是否实施人工助产，仔猪出生后称重填登记卡，3 d 后编耳号，断尾及注射铁制剂，尽量不影响仔猪吸乳。

3. 固定乳头　仔猪有固定吸乳的习惯，乳头一旦固定，到断乳时都不变。仔猪出生后有寻找乳头的本能，产仔数多时常有争夺乳头的现象，体格强壮的仔猪抢占前部的乳头，而弱小的仔猪也只能是后部的乳头，常吃乳不足。护理人员须在仔猪生后 1～3 d 内进行人工辅助固定乳头，方法是让仔猪自寻乳头，待多数仔猪找到乳头后，对个别弱小或强壮争夺乳头的仔猪进行调整，把弱小的仔猪放在前边乳汁多的乳头上，体大强壮的放在后边的乳头上。这样利用母猪不同乳头泌乳量不同的生理特点，使弱小的仔猪获得较多的乳汁，调整的目的是使一窝仔猪生长发育既快又均匀，如果有效乳头数比实际产仔数多时，不需要人工辅助仔猪固定乳头。

4. 冬季保温，夏季防暑、防压　哺乳仔猪体温调节机制不完善，防寒能力差，且体温较成年猪高，需要的能量比成年猪多。因此，应为仔猪创造一个温暖舒适的环境，以满足仔猪对温度的特殊要求。产房适宜温度为：分娩后 1 周 27℃，2 周 26℃，3 周 24℃，4 周 22℃。保温箱温度：初生 36℃，体重 2 kg 30℃，4 kg 29℃，6 kg 28℃，6 kg 以上至断奶 27℃，断奶后 3 周 24～

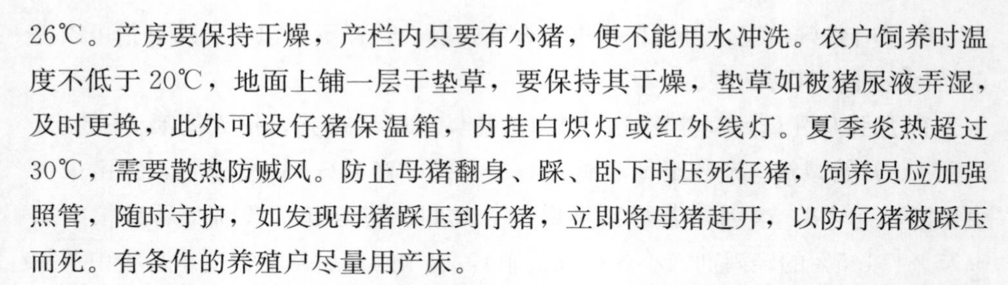

26℃。产房要保持干燥，产栏内只要有小猪，便不能用水冲洗。农户饲养时温度不低于 20℃，地面上铺一层干垫草，要保持其干燥，垫草如被猪尿液弄湿，及时更换，此外可设仔猪保温箱，内挂白炽灯或红外线灯。夏季炎热超过 30℃，需要散热防贼风。防止母猪翻身、踩、卧下时压死仔猪，饲养员应加强照管，随时守护，如发现母猪踩压到仔猪，立即将母猪赶开，以防仔猪被踩压而死。有条件的养殖户尽量用产床。

5. 仔猪寄养与并窝　在多头母猪同期产仔的猪场，如果母猪产仔数过多或过少，无乳或少乳，或母猪死亡、淘汰，对其所生仔猪可进行寄养或并窝。寄养是指母猪分娩后因疾病或死亡造成缺乳或无乳的仔猪，或超过母猪正常哺育能力的过多的仔猪寄养给一头或几头同期分娩的母猪哺育。并窝则是指将同窝仔猪数较少的两窝或几窝仔猪，全并起来由一头泌乳能力好，母性强的母猪集中哺育。寄养和并窝可以提高哺乳仔猪成活率，节约成本，充分发挥母猪繁殖潜力。寄养和并窝仔猪的母猪产仔时间应接近，间隔时间 2～3 d 为宜，寄养和并窝仔猪均用寄养母猪的乳汁或尿液涂抹，混淆母猪嗅觉，使其不易分辨认可。寄养和并窝的仔猪数不宜过多，以免寄养母猪带仔过多，影响仔猪的生长发育。

6. 补料与断乳技术　仔猪出生后 5～7 日龄开始诱补料，保持料槽清洁，饲料新鲜。勤添少添，晚上要补添一次料。每天补料次数为 4～5 次。产房人员不得擅自离岗，有其他工作不得已离岗时每次离开时间控制在 1 h 以内。仔猪平均 21～25 日龄断奶，一次性断乳，不换圈，不换料。断乳前后连喂 3 d 食补盐以防应激。

断乳后 1 周，目前用小耳猪哺乳仔猪饲料、小耳猪保育仔猪饲料，逐渐过渡到小耳猪育成猪饲料，断乳前 2 d 注意限料，以防消化不良引起腹泻。刚断乳小猪栏要用木屑或棉花将饮水器撑开，使其有小量流水，诱导仔猪饮水和吃料。

7. 剪犬齿与断尾　初生仔猪有成对的上下门齿和犬齿共 8 枚，犬齿对于仔猪没有多少作用，为防止仔猪抢食母乳而咬伤乳尖或仔猪间争斗互相咬伤，母猪因被咬痛踩死仔猪的事故发生，在仔猪出生 3 d 内剪去犬齿，用锐利的钳子消毒后从犬齿根部剪去，断面要平整。滇南小耳猪养殖历来没有断尾的习惯。

8. 做好卫生、消毒工作　每天要及时将圈舍彻底清扫干净，包括猪舍门口，猪舍内外走道等，喷雾消毒，每隔 3 d 1 次，消毒药品种 3 种以上，交替使用；以避免产生耐药性。

第二节　保育猪的饲养管理

保育猪是指仔猪出生后3～5周龄到10周龄阶段的仔猪。仔猪断乳是继出生以来又一强烈的应激，这一时期是经常出现问题的阶段。目标是保育期成活率97%以上，60日龄出栏体重20kg以上。

一、保育猪的饲料组成

36～70d的保育仔猪，采用哺乳仔猪饲料＋保育仔猪饲料，饲喂量0.40kg，每天或者自由采食。

二、保育猪编组

及时调整猪群，强弱、大小分群，保持合理的密度，病猪、僵猪及时隔离饲养。在分群的管理上，原则就是将来源、体况、性情和采食等方面相近的猪合群饲养，分群管理，分槽饲喂，以保证猪正常生长发育。同一猪群内体重相差不宜过大。分群的关键是避免合群初期相互咬架而产生应激，根据猪的生物学特点，应遵守“留弱不留强”“拆多不拆少”“夜并昼不并”的原则，可对并圈的猪喷洒药液（如来苏儿），清除气味差异，合群后饲养人员要多加观察（此条也适合于其他猪群）。

三、防疫免疫

（一）做好卫生

每天都要及时打扫高床上的粪便，冲走高床下的粪便。保育栏高床要保持干燥，不允许用水冲洗，湿冷的保育栏极易引起腹泻，走道也尽量少用水冲洗，保持整个环境的干燥和卫生。如有潮湿，可撒些白灰。夏天也要注意保持干燥。

（二）消毒

在消毒前首先将圈舍彻底清扫干净，包括猪舍门口、猪舍内外走道等。所有猪和人经过的地方每天进行彻底清扫。消毒包括环境消毒和带猪消毒，要严

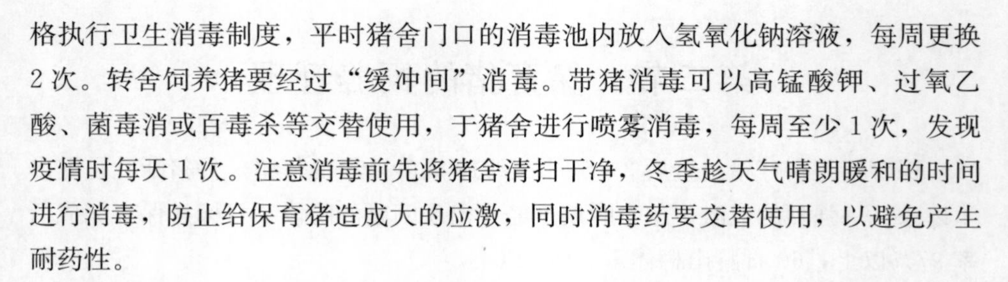

格执行卫生消毒制度，平时猪舍门口的消毒池内放入氢氧化钠溶液，每周更换2次。转舍饲养猪要经过“缓冲间”消毒。带猪消毒可以高锰酸钾、过氧乙酸、菌毒消或百毒杀等交替使用，于猪舍进行喷雾消毒，每周至少1次，发现疫情时每天1次。注意消毒前先将猪舍清扫干净，冬季趁天气晴朗暖和的时间进行消毒，防止给保育猪造成大的应激，同时消毒药要交替使用，以避免产生耐药性。

（三）保健

刚转到保育舍的猪一般采食量较小，甚至一些小猪刚断乳时根本不采食，所以在饲料中加药保健达不到理想的效果，饮水投药则可以避免这些问题，而达到较好的效果。保育第1周在每吨水中加入延胡索酸泰妙菌素60g＋优质多种维生素500g＋葡萄糖1kg或加入加康（氟苯尼考10%＋免疫增强剂等）300g＋多种维生素500g＋葡萄糖1kg，可有效地预防呼吸道疾病的发生。并且做好冬季猪舍内醋酸的熏蒸工作，降低猪舍内pH同时防止不耐酸致病微生物的入侵。驱虫主要包括蛔虫、疥螨、虱、线虫等体内外寄生虫，驱虫时间以35～40日龄为宜。体内寄生虫用阿维菌素按每千克体重0.2mg或左旋咪唑按每千克体重10mg计算量拌料，于早晨喂服，隔天早晨再喂一次。体外寄生虫用12.5%的双甲脒乳剂兑水喷洒猪体。注意驱虫后要将排出的粪便彻底清除并妥当处理，防止粪便中的虫体或虫卵造成二次污染。

（四）疫苗免疫与接种

各种疫苗的免疫注射是保育舍最重要的工作之一。注射过程中，一定要先固定好保育猪，然后在准确的部位注射，不同类的疫苗同时注射时要分左右两边注射，不可打飞针；每栏仔猪要挂上免疫卡，记录转栏日期、注射疫苗情况，免疫卡随猪群移动而移动。此外，不同日龄的猪群不能随意调换，以防引起免疫工作混乱。在保育舍内不要接种过多的疫苗，主要是接种猪瘟、猪伪狂犬病、口蹄疫疫苗等。对出现过敏反应的猪将其放在空圈内，防止其他仔猪挤压和踩踏，若出现严重过敏反应，则肌内注射肾上腺激素进行紧急抢救。

四、饲养管理要点

（1）空栏彻底冲洗消毒，做好接收断奶仔猪的一切准备。转入猪前，首先要把保育舍要彻底冲洗消毒，在冲洗时，将舍内所有栏板、饲料槽拆开，高压冲洗，将整个舍内的天花板、墙壁、窗户、地面、料槽、水管等进行彻底的冲洗。同时将下水道污水排放掉，并冲洗干净。要注意凡是猪可接触到的地方，不能有猪粪、饲料遗留的痕迹。空栏时间不少于 3 d。转入、转出猪群每周一批次，猪栏的猪群批次清楚明了。

（2）接收断奶仔猪，强弱、大小分群。

（3）给仔猪提供新鲜清洁的饮水，定期检查饮水器，保证饮水。

（4）保育猪是以自由采食为主，不同日龄喂给不同的饲料。饲养员应在记录表上填好各种料开始饲喂的日期，保持料槽都有饲料。当仔猪进入保育舍后，先用代乳料（312 料）饲喂 1 周左右，勤添少添，每天添料 4 次，前 2d 注意限料，不改变原饲料，以减少饲料变化引起的应激，然后逐渐过渡到保育料。过渡最好采用渐进性过渡方式（即第 1 次换料 25%，第 2 次换料 50%，第 3 次换料 75%，第 4 次换料 100%，每次时间 3 d 左右）。饲料要妥善保管，以保证到喂料时饲料仍然新鲜。为保证饲料新鲜和预防角落饲料发霉，注意要等料槽中的饲料吃完后再加料，且每隔 5 d 清洗一次料槽。前 1 周，饲料中适当添加一些抗应激药物如维生素 C、多种维生素，矿物质添加剂等。

（5）保证仔猪有一个好的环境，调整保温设施，保证舍内温度达到要求；注意天气变化，防止贼风侵入；降低室内湿度；注意门窗的开、关，采用适当的通风措施。

（6）保持圈舍卫生，加强猪群调教、训练猪群吃料、睡觉、排便“三定位”。尽可能不用水冲洗有猪的猪栏（炎热季节除外），尽量用扫把。

（7）执行舍内防疫制度，尽可能减少人员出入，做到人员定舍定岗；保育舍每个单元执行全进全出制；定期消毒；保证各单元门口消毒盆、池消毒药的有效浓度。

（8）做好仔猪治疗工作。每天仔细观察猪群，发现病猪，及时治疗。清理卫生时注意观察猪群排粪情况，喂料时观察食欲情况；休息时检查呼吸情况，发现病猪，对症治疗。严重病猪隔离饲养，统一用药。1 周后驱体内外寄生虫 1 次。

（9）准确、及时做好各种记录，及时上报日报表、周报表。

第三节　育成猪和育肥猪饲养管理

育肥猪的饲养管理目标是维持猪群良好的健康状况，达到最低的死淘率、良好的屠体品质、最佳的日增重和最低的增重成本。

一、饲养分期、不同时期的日粮组成

表 6-1　各阶段猪喂料标准

各阶段猪	饲养时间	饲料编号	喂料量［kg/（头・d）］
后备（公、母）	20 kg 至配种	2 号	1.2+1 青绿饲料
妊娠母猪（前期）	0～28 d	2 号	1.2+1 青绿饲料
妊娠母猪（中期）	29～84 d	2 号	1.5+1 青绿饲料
妊娠母猪（后期）	81～106 d	2 号	2.0+1 青绿饲料
妊娠母猪（产前 7 d）	107～114 d	1 号	2.0（4 次/d）
哺乳母猪	0～35 d	1 号	2～4.0（4 次/d、吃饱）
空怀母猪	断奶至配种	2 号	2.0+1 青绿饲料
种公猪	配种期	1 号+2 号	1+1 青绿饲料
哺乳仔猪	5～35 d	861	0.2（自由采食）
保育仔猪	36～70 d	862+864	0.40（自由采食）
小猪	70～119 d	864+2 号	0.80（自由采食）
中猪	120～196 d	2 号	1.0+1 青绿饲料
大猪	197～245 d	2 号	1.5+1 青绿饲料

二、常规饲养管理技术

（1）转入猪前，空栏要彻底冲洗消毒，空栏时间不少于 3 d。调整舍内环境（温度、湿度等），转入、转出猪群每周一批次，猪栏的猪群批次清楚明了。每周消毒一次，每周消毒药更换一次。

（2）及时调整猪群，强弱、大小、公母分群，保持合理的密度，病猪及时隔离饲养。分群合群时，为了减少相互咬架而产生应激，应遵守“留弱不留强”“拆多不拆少”“夜并昼不并”的原则，可对并圈的猪喷洒药液（如来苏儿），清除气味差异，并圈后饲养人员要多加观察（此条也适合于其他猪群）。

（3）保持圈舍卫生，加强猪群调教，训练猪群吃料、睡觉、排便“三定位”。干粪便要用车拉到化粪池，然后再用水冲洗栏舍，冬季每隔一天冲洗一次，夏季每天冲洗一次。清理卫生时注意观察猪群排粪情况；喂料时观察食欲情况；休息时检查呼吸情况，发现病猪，对症治疗。严重病猪隔离饲养，统一用药。

（4）按季节温度的变化，调整好通风降温设备，做好防暑降温等工作。经常检查饮水器。

（5）自由采食，喂料时参考喂料标准，以每餐喂八九成饱，不剩料为原则。根据当地饲料资源、生长育肥猪的营养需要和饲养标准，确定其配合饲料的配合种类，在配合猪饲料时，宜多采用青饲料，利用优质牧草养猪，不仅可以降低饲料成本，而且可以提高猪肉的瘦肉率，大大提高养猪的经济效益。在猪群的配合饲料上，还要根据不同猪群选用不同类型的日粮。催肥阶段的育肥猪可选用精饲料型，即精饲料占日粮的50%以上；要注意日粮体积与猪采食量的关系。衡量饲料体积大小可用饲料干物质含量。按猪每100 kg体重每天需饲料干物质2.5～4.5 kg计算，青绿饲料、粗饲料、精饲料3种饲料的干物质比例应为5∶3∶2。为了减少因饲料过渡而造成的猪应激，注意进行饲料过渡，在生产中可根据猪群的整体情况灵活掌握。

第七章
滇南小耳猪保健与疫病防控

第一节　猪群保健

一、健康检查

（一）身体部位状况

1. 皮肤　健康猪皮肤干净，毛色黑亮，具有弹性。若皮肤表面出现肿胀、溃疡、结节等为病态。

2. 鼻镜　健康猪鼻镜湿润光滑，有很少的分泌物。若鼻镜干燥开裂，附有较多浑浊分泌物则为病态。

3. 眼睛　健康猪眼睛明亮，眼睛周围无分泌物，眼睑无炎症。若眼睛周围有较多分泌物、红肿则为病态。

4. 耳朵　健康猪耳朵小而竖立，对外界声音反应灵敏，触摸时手感温润。若手感冰凉或发热，对声音反应不灵敏为病态。

5. 肛门　健康猪肛门周围干净。若肛门周围不干净，被稀粪等污物污染，则为病态。

6. 尾巴　健康猪尾巴左右摆动，摆动有力。若尾巴下垂或者不摆动者为病态。

7. 四肢　健康猪行走肢体协调平稳，步伐悠然自得，关节、蹄无炎症。若关节红肿、立脚不稳等为病态。

（二）精神状态

1. 精神　健康猪对声音反应灵敏，好奇心重，驱赶时跑动灵活，速度快；

眼睛炯炯有神。若精神沉郁，常趴在角落，行走落伍等为病态。

2. 叫声　健康猪叫声清脆，有时悠扬有穿透力，有时低沉有力。病猪叫声为哀鸣、呻吟，声音嘶哑。

（三）生理状态

1. 食欲　健康猪对精饲料和青饲料都具有旺盛的食欲，采食量较多，并且采食速度快。若出现对饲料无反应或者反应不积极，均为异常或者病态。

2. 尿液　正常尿液透明清亮，淡黄色。尿液浑浊或者异色，均为异常或者病态。

3. 粪便　健康猪粪便质松软，呈条状或者团状。若出现溏便、稀便、便中带血等为异常或者病态。

4. 体温　滇南小耳猪正常体温范围为38.9～39.2℃，体温偏高或者偏低，均为异常或者病态。

5. 异食　圈养健康猪根据饲喂时间安排进食，其他时间均不采食。若出现食土，啃咬围栏，撕咬同圈猪只耳朵、尾巴等情况为异常。

（四）辅助检测

1. 精液　健康滇南小耳猪公猪精液呈灰白或者微带黄色，pH为7.0～7.8，在同一视野镜下，80%以上精子呈直线向前运动，畸形率小于18%。

2. 寄生虫　规模猪场养殖情况下，寄生虫呈隐性感染。结合电子显微镜检测，可以快速、准确地判定猪群的寄生虫感染情况。一般采用直接粪便涂片法、饱和食盐水漂浮法、水洗沉淀法进行虫卵检查。

3. 免疫效果监测　猪群的免疫效果监测是免疫质量评估，疫情预警、预报，疫病控制等工作的重要依据，以酶联免疫吸附试验（ELISA）监测为主。免疫效果监测的疫病主要包括猪瘟、猪高致病性蓝耳病、口蹄疫等。

二、防疫制度

随着社会的不断进步，养猪业得到迅速发展。猪场的防疫是确保养猪生产顺利进行的重要措施，必须以“养重于防，防重于治”为原则，杜绝疫病的发生。滇南小耳猪养殖场猪场防疫制度的制定，要求全场员工及外来人员严格执行。

（一）生活区防疫制度

（1）生活区大门应设消毒门岗，全场员工及外来人员入场时，均应通过消毒门岗进行消毒。

（2）每月初对生活区及其环境进行一次大清洁、消毒、灭鼠、灭蝇。

（3）任何人不得从场外购买猪、牛、羊肉及其加工制品入场，场内职工及其家属不得在场内饲养动物（如猫、狗）。

（4）饲养员要在场内宿舍居住，不得随意外出；场内技术人员不得到场外出诊，不得去屠宰场或其他猪场，不得在屠宰户、养猪户处逗留。

（5）员工休假回场或新招员工要在生活区隔离 2 d 后方可进入养殖区工作。

（二）养殖区防疫制度

（1）养殖区入口设消毒房，进入养殖区需消毒。

（2）养殖区每栋猪舍门口，产房各单元门口设消毒池、盆，并定期更换消毒液，保持有效浓度。

（3）制定完善猪舍、猪体消毒制度。

（4）对常见病做好药物预防工作。

（5）养殖人员出入隔离舍、猪舍，要严格更衣、换鞋、消毒，不得与外人接触。

（三）车辆卫生防疫制度

（1）运输饲料进入加工区的车辆要彻底消毒。

（2）运猪车辆出入隔离舍、出猪台时要彻底消毒。

（3）上述车辆司机不许离开驾驶室与场内人员接触，随车装卸工人要同养殖人员一样更衣换鞋消毒。

（四）购销猪防疫制度

（1）从外地购入种猪，须经过检疫，并在场内隔离饲养观察 40 d，确认为无疫猪后，经消毒彻底冲洗干净后方可进入养殖区。

（2）出售猪只时，须经兽医临床检查无病的方可出场，出售猪只能单向流动。

（五）疫苗保存及使用制度

（1）各种疫苗要按要求进行保存，凡是过期、变质、失效的疫苗一律禁止使用。

（2）免疫接种必须严格按照养殖场制定的免疫程序进行。

（3）免疫注射时，不打飞针，严格按操作要求进行。

（4）做好免疫计划和免疫记录。

三、消毒

（一）消毒的定义

猪场消毒是以防止病原微生物扩散、防止易感猪被感染为目的，利用物理、化学、生物等方法消灭病原微生物的一种有计划的预防性措施。

（二）常用消毒药物的使用及适用对象

1. 过硫酸氢钾　过硫酸氢钾为过氧化氢和硫酸盐的加成物，白色结晶颗粒，易溶于水和乙醇。消毒作业浓度为5%，对DNA病毒和RNA病毒均有杀灭作用，主要用于保育舍及保育猪猪体消毒。

2. 聚维酮碘　聚维酮碘是碘离子与1-乙烯基-2-吡咯烷酮的络合物，为广谱、高效消毒剂。一般分为固体和液体两种类型，滇南小耳猪猪场消毒剂选用液体聚维酮碘，消毒作业浓度为10%。能有效杀灭大肠杆菌、沙门氏菌、蓝耳病病毒等，并且对寄生虫虫卵有杀灭效果，抑制蚊蝇等昆虫的滋生。主要用于圈舍和卫生器械的消毒。

3. 复方戊二醛　复方戊二醛是由戊二醛与阳离子表面活性剂（双链季铵盐）复配制成的一种高效、低毒、广谱复合型消毒剂，后者对戊二醛有明显的协同增效作用。消毒作业浓度按1∶300稀释，喷洒整个圈舍；对细菌繁殖体、芽孢、病毒、分枝杆菌、真菌等均有良好的杀灭作用。主要用于猪体、圈舍和带猪消毒。

四、滇南小耳猪免疫预防

（一）免疫程序

1. 产房母猪免疫程序　见表 7－1。

表 7－1　产房母猪免疫程序

时间	免疫方式及用量
3 月	蓝耳病弱毒苗肌内注射 1 头份 口蹄疫疫苗肌内注射 2 头份 乙型脑炎疫苗肌内注射 1 头份
4 月	伪狂犬病疫苗肌内注射 1 头份
6 月	蓝耳病弱毒苗肌内注射 1 头份 口蹄疫疫苗肌内注射 2 头份
8 月	乙型脑炎疫苗肌内注射 1 头份 伪狂犬病疫苗肌内注射 1 头份
9 月	蓝耳病弱毒苗肌内注射 1 头份 口蹄疫疫苗肌内注射 2 头份
12 月	蓝耳病弱毒苗肌内注射 1 头份 口蹄疫疫苗肌内注射 2 头份 伪狂犬病疫苗肌内注射 1 头份
产后 14 d	二产猪细小病毒病疫苗肌内注射 1 头份
产后 28 d	猪瘟疫苗肌内注射 5 头份

2. 公猪免疫程序　见表 7－2。

表 7－2　公猪免疫程序

时间	免疫方式及用量
3 月	蓝耳病弱毒苗肌内注射 1 头份 口蹄疫疫苗肌内注射 2 头份 猪瘟疫苗肌内注射 5 头份 猪圆环病毒 2 型病灭活疫苗肌内注射 2 头份 细小病毒病疫苗肌内注射 1 头份 乙型脑炎疫苗肌内注射 1 头份

（续）

时间	免疫方式及用量
4月	伪狂犬病疫苗肌内注射1头份
6月	蓝耳病弱毒苗肌内注射1头份 口蹄疫疫苗肌内注射2头份
7月	猪瘟疫苗肌内注射5头份
8月	乙型脑炎疫苗肌内注射1头份 伪狂犬病疫苗肌内注射1头份 蓝耳病弱毒苗肌内注射1头份 口蹄疫疫苗肌内注射2头份
9月	猪瘟疫苗肌内注射5头份 猪圆环病毒2型病灭活疫苗肌内注射2头份 细小病毒病疫苗肌内注射1头份
11月	猪瘟疫苗肌内注射5头份 蓝耳病弱毒苗肌内注射1头份
12月	口蹄疫疫苗肌内注射2头份 伪狂犬病疫苗肌内注射1头份

3. 待配舍母猪免疫程序　见表7-3。

表7-3　待配舍母猪免疫程序

时间	免疫方式及用量
3月	蓝耳病弱毒苗肌内注射1头份 口蹄疫疫苗肌内注射2头份 乙型脑炎疫苗肌内注射1头份
4月	伪狂犬病疫苗肌内注射1头份
6月	蓝耳病弱毒苗肌内注射1头份 口蹄疫疫苗肌内注射2头份
8月	乙型脑炎疫苗肌内注射1头份 伪狂犬病疫苗肌内注射1头份
9月	蓝耳病弱毒苗肌内注射1头份 口蹄疫疫苗肌内注射2头份 蓝耳病弱毒苗肌内注射1头份
12月	口蹄疫疫苗肌内注射2头份 伪狂犬病疫苗肌内注射1头份

4. 妊娠舍母猪免疫程序　见表 7-4。

表 7-4　妊娠舍母猪免疫程序

时间	免疫方式及用量
3 月	蓝耳病弱毒苗肌内注射 1 头份 口蹄疫疫苗肌内注射 2 头份 乙型脑炎疫苗肌内注射 1 头份
4 月	伪狂犬病肌内注射 1 头份
6 月	蓝耳病弱毒苗肌内注射 1 头份 口蹄疫疫苗肌内注射 2 头份
8 月	乙型脑炎疫苗肌内注射 1 头份 伪狂犬病疫苗肌内注射 1 头份
9 月	蓝耳病弱毒苗肌内注射 1 头份 口蹄疫疫苗肌内注射 2 头份
12 月	蓝耳病弱毒苗肌内注射 1 头份 口蹄疫疫苗肌内注射 2 头份 伪狂犬病疫苗肌内注射 1 头份
产前 30 d	萎缩性鼻炎灭活苗肌内注射 1 头份
产前 21 d	猪圆环病毒 2 型病灭活疫苗肌内注射 2 头份

5. 产房仔猪免疫程序　见表 7-5。

表 7-5　产房仔猪免疫程序

日龄（d）	免疫方式及用量
1	伪狂犬病疫苗双侧滴鼻 0.5 头份
7	气喘病疫苗肌内注射 2 mL
14	猪圆环病毒 2 型病灭活疫苗肌内注射 1 头份 蓝耳病弱毒苗肌内注射 1 头份
35	猪瘟疫苗肌内注射 3 头份

6. 后备公、母猪免疫程序　见表 7-6。

表 7-6　后备公、母猪免疫程序

日龄（d）	免疫方式及用量
170	口蹄疫疫苗肌内注射 2 头份，6 月龄前参照仔猪免疫程序，6 月龄后每年 3 月、6 月、9 月、12 月各免疫一次，每次肌内注射 1 头份

（续）

日龄（d）	免疫方式及用量
180	细小病毒病疫苗肌内注射 2 头份
190	蓝耳病弱毒苗肌内注射 1 头份
200	伪狂犬病疫苗肌内注射 1 头份
230	猪圆环病毒 2 型病灭活疫苗肌内注射 1 头份
240	猪瘟疫苗肌内注射 5 头份 乙型脑炎疫苗每年 3 月肌内注射 1 头份，间隔 21 d 加强一次

（二）饲养管理与化药预防

1. 仔猪　在仔猪出生后第 3、第 7、第 21 日龄分别注射长效土霉素 0.5 mL、1 mL 和 2 mL，预防大肠杆菌病和其他一般性的疾病。仔猪在出生后 3 d 内要进行补铁，注射右旋糖酐铁注射液预防缺铁性贫血。断奶后 1 周进行驱虫，伊维菌素 500 g 拌料 1 000 kg，连喂 7 d。

2. 育肥猪　此阶段的滇南小耳猪需加强机体抵抗力，在生长前期主要预防大肠杆菌和呼吸系统等疫病，选用泰乐菌素 1 000 g 拌料 1 000 kg 连喂 7 d，板蓝根粉 600g 拌料 1 000 kg 连喂 7 d。在育肥期，主要是促生长和预防寄生虫，促生长使用土霉素钙预混剂 300 g 拌料 1 000 kg 连喂 7 d；驱虫使用伊维菌素 500 g 拌料 1 000 kg 连喂 7 d。

3. 后备母猪　在自繁自养的滇南小耳猪场内，后备母猪在选留后，从断奶后至配种前要进行至少一次的驱虫健胃和细菌性疾病预防。抗菌药物选用氟苯尼考粉，预防用量 250 g 拌料 1 000 kg 连喂 7 d；驱虫药物选用伊维菌素使用伊维菌素 500 g 拌料 1 000 kg 连喂 7 d，驱虫前先将舍栏和猪体用 2%的敌百虫溶液喷洒消毒。

从外引进后备母猪时，在配种前必须进行 2 次细菌性疾病预防和寄生虫的净化，在引进后根据日龄和免疫情况做好免疫、驱虫、药物预防等计划。免疫计划参考后备母猪免疫程序进行。驱虫在引进一周后和配种前一个月各进行一次，驱虫药物使用伊维菌素 500 g 拌料 1 000 kg 连喂 7 d；药物预防首次在引进一周后选用替米考星 100 g 拌料 200 kg 连用 15 d，配种前一个月选用强力霉素 80 g 拌料 100 kg 连用 5 d。

4. 生产母猪　生产母猪根据妊娠时间分为妊娠前期（配种至妊娠 85 d）和妊娠后期（86 d 至生产），妊娠前期主要以保胎为主，妊娠后期以加强营养为主。妊娠前期配种后 30 d 以内不得对母猪进行转群和注射应激反应较大的疫苗等，严禁粗暴对待，应建立人与猪的和睦关系。妊娠后期可选用中草药鱼腥草、板蓝根、金银花等进行保健。妊娠母猪在临产前一周要对猪体进行彻底消毒，再转入产房，产房在进猪前 3 d 进行彻底消毒。分娩时和泌乳前期饲喂抗生素以减少母猪产后炎症。根据妊娠母猪免疫程序进行疫苗免疫，免疫前要添加电解多种维生素以抗应激，使得仔猪在出生后获得较高的免疫保护力，并且生产母猪圈舍及其周围环境要进行消毒，定期更换消毒池或者消毒盆的消毒药水。

5. 种公猪　定期消毒和防疫是种公猪日常管理中的重要环节。种公猪圈舍及周围环境应每月进行一次消毒，并且根据免疫程序注射猪瘟、乙型脑炎、细小病毒病、伪狂犬病等疫苗，疫苗注射时要做到有效免疫和减轻应激，结合疫苗类型和种类，种公猪在接受免疫后合理安排配种时间。一年进行 2 次驱虫，使用阿苯达唑进行预防性驱虫，体表寄生虫使用 1%伊维菌素注射液驱虫。对于细菌性疾病，每隔 4 个月饲喂 1 次抗生素，这样对减少种公猪疾病的发生和降低死亡率，减少经济损失将起到至关重要的作用。种公猪发病后，在痊愈后 1 个月之内不得交配。

种公猪不仅要有种用体况和健康体魄，还要有旺盛的性欲和优良的精液品质。西双版纳州较高温高湿，而高温是影响精液品质的重要外界因素，平时管理中除应降低圈舍温度外，还应在日粮中加入维生素 C 来减轻热应激对种公猪精液品质的影响。为了满足种公猪对维生素的需求，每天补饲 1～2 kg 的青贮饲料。每天应给种公猪 1～2 次的运动时间，每次 1 h。定期检查种公猪的精液质量，观察精液品质和运动情况，对于精液质量差的种公猪应查找原因，及时治疗或者淘汰。在管理过程中严禁用暴力的方式对种公猪进行性启蒙训练，避免种公猪对饲养人员产生敌意。

五、猪场常备药品及医疗器械

（一）常备药物

1. 抗菌药物　有替米考星、强力霉素、泰乐菌素、土霉素和青霉素等常用抗菌药物。

2. 抗病毒药物　猪场大多数病毒性疾病有疫苗预防，对病毒性疾病发挥作用的保健中药可以配备一些板蓝根、金银花、连翘等药物。

3. 抗应激药物　如盐酸肾上腺素注射液等。

4. 消毒药（液）　如医用酒精、碘伏消毒液、过硫氢酸钾、聚维酮碘、复方戊二醛等。

（二）医疗器械

如大动物解剖器、止血钳、剪牙钳、手术剪、低温冰箱、普通电子显微镜、注射器、镊子等。

第二节　主要传染病的防控

一、猪瘟

猪瘟是世界动物卫生组织通报疾病，我国一类动物传染病，一年四季均可发生，以春秋季节多发。经口鼻腔黏膜、生殖道黏膜或皮肤外伤感染。按病程可分为最急性、急性和亚急性。近年来，猪瘟流行性发生了变化，出现了非典型猪瘟和温和型猪瘟，呈散发性流行。该病目前无治疗药物，以疫苗预防为主。

（一）病原

猪瘟病毒是黄病毒科瘟病毒属的一个成员，以脾、淋巴结、血液中含量最高。对低温抵抗力很强，在冻肉里可存活 3～7 个月，煮沸即死亡。

（二）流行特点

不同年龄的猪均易感，一年四季均可发生，呈流行性或地方性流行，病猪和带毒猪是最主要的传染源，主要是通过消化道感染，接触病猪的人、畜禽、昆虫和各种用具、饲料、饮水等都能传播此病。

（三）主要症状

自然感染潜伏期为5～7d，短的2d，长的21d，根据临床症状和特征，可分为最急性型、急性型、慢性型和迟发型 4 种类型。

1. 最急性型　病猪常无明显症状或症状不典型、发病后很快死亡，病程 1～5 d。

2. 急性型　最为多见，呈典型症状，体温升高至 40.5～42.0℃，病初粪干如球并伴有黏液，后转为腹泻，喝脏水，病猪挤卧堆积。严重者 1 周左右死亡，死亡率可达 60%～80%。

3. 慢性型　多由急性型转化而来，体温时高时低，便秘腹泻交替，少食、消瘦，耐过猪常变为僵猪，病程 1 个月左右。

4. 迟发型　由于病毒变异，近年来猪场多呈迟发型，仔猪死亡率较高，大猪可耐过。妊娠母猪感染后由于病毒可通过胎盘传给胎儿，常引起流产、死胎、畸胎、木乃伊胎，或产下的仔猪体质虚弱，出现震颤，最后死亡。

（四）病理变化

脾脏梗死。淋巴结肿胀、出血，呈大理石样或红黑色外观。喉头有出血点。肾脏针尖状出血点。病程长的在回盲瓣附近和盲肠、结肠黏膜上出现纽扣状病变。

（五）防控

该病目前尚无特效治疗药物，做好平时的疫苗接种辅之以扑灭政策，是防控本病的关键。

1. 预防　选择猪瘟脾淋疫苗或猪瘟细胞疫苗免疫接种 1 头份。20 日龄和 60 日龄分别免疫 1 次，以后每隔 6 个月免疫 1 次。

2. 扑灭　发生猪瘟时，立即向当地政府报告，封锁疫区，隔离病猪，尸体焚烧深封埋处理。用 2%的氢氧化钠溶液或 5%～10%的漂白粉消毒圈舍。对健康猪进行紧急预防接种，猪瘟脾淋疫苗或猪瘟细胞疫苗 3 头份，在疫苗注射后第 4 天即可产生抵抗能力。

二、猪繁殖与呼吸综合征

猪繁殖与呼吸综合征俗称蓝耳病，是由猪繁殖与呼吸综合征病毒引起的猪的一种烈性传染病。该病可造成母猪流产、死产、木乃伊胎及猪的呼吸道疾病，传播迅速，低温利于病毒的存活，因此冬季易流行传播。目前靠灭活疫苗和弱毒疫苗进行免疫接种，但前者免疫效果不确实，后者因病毒的变异和致病与免疫机理的复杂性，其安全性存在隐患。生产中对种猪应加强检疫，建立无病猪场是根本性的防控措施。感染猪场加强饲养管理，控制继发感染是重要手段。

（一）病原

猪繁殖与呼吸综合征病毒属于动脉炎病毒科动脉炎病毒属。对酸碱较敏感。在4℃可存活1个月，37℃ 存活48 h，56℃ 经45 min完全失去传染性。

（二）流行特点

本病主要侵害繁殖母猪和仔猪，病猪和带毒猪是主要传染源，通过空气传播和病、健猪之间直接接触传播，经呼吸道感染。

（三）主要症状

发病猪不分年龄段均出现急性死亡；临床主要表现为体温明显升高，可达41℃以上，厌食或不食；眼结膜炎；咳嗽、气喘等呼吸道症状；后躯无力、不能站立或摇摆、圆圈运动、抽搐等神经症状；部分呈顽固性腹泻。

（四）病理变化

可见脾脏边缘或表面出现梗死灶，镜检为出血性梗死；肾脏呈土黄色，表面可见针尖至小米粒大出血斑点；皮下、扁桃体、心脏、膀胱、肝脏和肠道均可见出血点和出血斑。镜检可见肾间质性炎，心脏、肝脏和膀胱出血性、渗出性炎症等病变；部分病例可见胃肠道出血、溃疡、坏死。

（五）防控

本病目前尚无特效药物治疗，主要采取综合防控措施及对症疗法。

（1）疫苗免疫。用猪蓝耳病灭活苗对全部猪群进行接种，基础接种进行2次，间隔3周，以后每隔5个月接种1次。

（2）种源控制。严禁到疫区购买种猪或商品猪，规模饲养场应坚持自繁自养，慎重引种。

（3）加强饲养管理。及时清除并无害化处理猪的粪、尿。严格执行消毒制度，每2周全场大消毒1次，每周1～2次带猪消毒。

(4) 对于已经感染的猪群隔离治疗，治疗效果不明显或者没效果时，可以放弃治疗。紧急接种猪蓝耳病灭活苗，使用建议量的2倍接种，间隔7～9 d后再接种一次；复方花青素5g＋阿司匹林1g＋牛磺酸5g溶于500 mL水喂服，每天喂服2次；用0.2%的过氧乙酸或安多福万金水按1∶2 500用水稀释对猪群带猪消毒。

三、猪口蹄疫

口蹄疫是世界动物卫生组织通报疾病，我国一类动物传染病，以冬季多发。本病由口蹄疫病毒引起，表现为蹄冠、趾间、蹄踵皮肤发生水疱和烂斑，部分猪口腔黏膜和鼻盘也有同样病变。传播迅速，感染率和发病率高，幼畜病死率较高，常引起全群感染，呈大规模流行，造成严重经济损失。该病临床症状与猪的水疱病有相似之处，诊断时应加以甄别。

(一) 病原

口蹄疫病毒属于微核糖核酸病毒科中的口蹄疫病毒属，有A型、O型、C型、亚洲1型、南非1型、南非2型、南非3型共7个主型，各型又分为若干亚型。口蹄疫病毒对热敏感，在低温的条件下可长期保存。在粪便和饲料中能存活数周或数月。20%氢氧化钠溶液可将其很快杀死。

(二) 流行特点

患病猪是本病的主要传染源。病毒可由同群猪间进行直接接触传播。最常见的感染途径是消化道和呼吸道。无明显的季节性，具有一定的周期性，这主要与猪群的免疫状态有关。

(三) 主要症状

以蹄部水疱为特征，体温升高达40～41℃，全身症状明显。蹄冠、蹄叉、蹄踵发红，形成水疱和溃烂，有继发感染时，蹄壳可能脱落。跛行，喜卧。鼻盘、口腔、齿龈、舌、乳房（主要是哺乳母猪）也可见到水疱和烂斑。仔猪可因肠炎和心肌炎死亡。断奶仔猪和哺乳仔猪死亡率高，10日龄内的哺乳仔猪死亡率可达100%。

（四）病理变化

除心脏外其他脏器一般无明显病变。心包积液，液体不混浊，是显著的病毒性心肌炎，心肌松软似开水烫过，呈灰白色或淡黄色斑纹，称“虎斑心”。

（五）防控

（1）做好预防接种。猪场仔猪28～35日龄进行初免，保育猪8～9周龄再次免疫，育肥猪12或13周龄加强免疫1次，后备母猪、年轻公猪配种前免疫1次，母猪每年免疫2～3次，公猪每隔4个月免疫1次。当周围猪场暴发疾病时，需要全场加强免疫1次。散养猪春、秋两季各进行一次集中免疫，每月定期补免。

（2）发现疑似口蹄疫时，应立即报告兽医主管部门。病猪就地封锁，所用器具及污染地面消毒。确认后，立即进行严格封锁、隔离、消毒等一系列防控工作。发病猪扑杀后要无害化处理。工作人员外出要全面消毒，畜舍及附近彻底消毒，以免散毒。

四、猪传染性胸膜肺炎

猪传染性胸膜肺炎是由猪胸膜肺炎放线杆菌引起的一种呼吸道疾病，以肺炎和胸膜炎的典型症状和病变为特征。

（一）病原

胸膜肺炎放线菌是带荚膜的革兰氏阴性小杆菌。在外界环境中生存时间较短，一般常用的化学消毒剂均能达到杀灭该菌的效果。对青霉素、磺胺类药物敏感。

（二）流行特点

各种年龄和性别的猪均有易感性，但以3月龄的仔猪最易感。主要通过空气飞沫传播，饲养环境改变、拥挤、气候突变、通风不良等因素可促进本病的发生和传播。

（三）主要症状

临床症状可分为最急性型、急性型和慢性型。最急性型体温升高至42℃

以上，精神沉郁，食欲减退，呼吸急促，站立或犬坐，张口呼吸，口鼻流出大量的泡沫样分泌物；急性型体温升高，精神沉郁，不食或拒绝采食，呼吸困难、咳嗽、张口等呼吸症状；慢性型呈间歇性咳嗽，生长迟缓。

（四）病理变化

病变多见于肺，常发生于心叶、尖叶、膈叶，病变部分呈红色，质地坚实，间质充满血色胶冻样液体。肺表面有纤维素附着，与胸壁、心包粘连，有胸膜炎。

（五）防控

通过定期免疫，增强猪的免疫力，减少该病的发生；按期用有效消毒药对猪舍进行消毒，一般猪舍及周围环境每周消毒 2～3 次，所需消毒药物要定期更换，确保消毒效果。加强饲养管理，合理使用各种饲料，适当添加药物进行预防，例如在本病的流行期可按每千克饲料加入土霉素 0.6 g，连喂 3 d，可起到预防本病的效果。注意猪舍环境，保持干燥，及时清除粪便。

五、猪支原体肺炎

猪支原体肺炎是由猪肺炎支原体引起的一种接触性、慢性、消耗性呼吸道传染病，俗称猪气喘病。其临床特征是气喘、咳嗽、腹式呼吸，生长发育迟缓，饲料报酬率低。

（一）病原

猪肺炎支原体无细胞壁，为多形态微生物，呈球形、环形、椭圆形或两极状。革兰氏染色阴性。主要存在于病猪和感染猪的呼吸道及所属的淋巴结内，对外界的抵抗力不强。对卡那霉素敏感，但对青霉素和磺胺类不敏感。常用消毒液能达到消毒目的。

（二）流行特点

不同年龄的猪都易感，断奶前后的仔猪发病较多，一年四季都可发生，但以冬、春寒冷潮湿季节发生较多，主要通过飞沫经呼吸道感染。

（三）主要症状

潜伏期 3～16 d，最长可达 1 个月以上，临床上一般分为急性、慢性和隐性 3 种类型。一般体温正常。主要表现为精神沉郁、呼吸加快或腹式呼吸、犬坐式呼吸，严重时张口呼吸，气喘。在早晚咳嗽表现得严重些，有时出现痉挛性咳嗽。咳嗽时站立不动、弓背、颈伸直、头垂下，有时趴伏不起，精神委顿，呼吸次数剧增，每分钟达 100 次以上。

（四）病理变化

肺脏明显膨大，尖叶、心叶、副叶和膈叶前下缘发生“肉变”，呈浅红色的嫩肉状。病变部位一般呈对称状，与正常肺组织界限清楚。肺门淋巴结和纵隔淋巴结呈髓样肿大。

（五）防控

1. 预防　坚持自繁自养，采取人工授精是预防此病的有效措施。加强饲养管理，搞好清洁卫生，增加猪的营养，提高猪的抗病力，可以减少此病发生和促使病猪早日康复。

2. 治疗　猪肺炎支原体对土霉素、卡那霉素敏感。可用硫酸卡那霉素，每千克体重 10～20 mg，肌内注射，每天 2 次，连用 5 d；盐酸土霉素，每千克体重 30～40 mg，0.25％普鲁卡因注射液或 4％硼砂溶液稀释后肌内注射，每天1 次，连用 7 d；泰乐菌素，每千克体重 4～9 mg，肌内注射，每天 2 次，连用3～5 d。

六、猪大肠杆菌病

猪大肠杆菌病是由病原性大肠杆菌引起的一类传染病，包括仔猪黄痢、仔猪白痢和猪水肿病。

（一）病原

大肠杆菌为革兰氏阴性菌，无芽孢。在土壤和水中可存活数月，但一般消毒液可立即将其杀死。

（二）流行特点

发生于7日龄以内的仔猪，以1～3日龄多发。一窝仔猪中，发病率高，多在90%以上，病死率也高，有的可达100%。猪场一旦流行此病，则经久不断，如不采取积极措施，不会自行停息。

（三）主要症状

1. 仔猪黄痢　以1～3日龄发病最多，有的在出生12h内即发病。突然发病，突然死亡，以后则出现以腹泻为主的病仔猪。排出黄色稀粪，含有凝乳块，粪便污染会阴和后腿。精神沉郁，吮乳减少或不吃，脱水，眼球下陷，消瘦，最后昏迷而死亡。

2. 仔猪白痢　病仔猪初期体温、精神、食欲无明显变化，排出乳白色、黄白色或灰白色并含有黏液的稀便，排泄物腥臭而稀薄，有的含有气泡；后期精神沉郁，吮乳减少或不吃，脱水、消瘦，最后昏迷死亡。不死亡的往往生长不良。

3. 猪水肿病　本病主要侵害40～60日龄的猪。突然发病，突然死亡。病程稍长的表现为眼睑肿胀，有时肿胀波及颈部和腹下。精神沉郁，食欲减退，多数体温不高，行走不稳，形如酒醉，有的前肢跪地，而后肢直立，突然向前冲，突然倒地，呈游泳状，磨牙，口吐白沫，呼吸困难，叫声嘶哑，惊叫不安，倒地抽搐。

（四）病理变化

小肠黏膜肿胀、充血，以十二指肠最为严重；颈和腹部皮下水肿；肠系膜淋巴结切面有出血点；肝、肾常有小坏死灶。

（五）防控

加强饲养管理，搞好平时的环境卫生、消毒等工作。可用抗生素如氟哌酸、卡那霉素、红霉素和磺胺类药物治疗。

七、猪链球菌病

猪链球菌病是由几个血清群链球菌感染所引起的多种疾病的总称。急性的常表现为出血性败血症和脑炎；慢性的以关节炎、心内膜炎为特点，临床上以淋巴结脓肿为常见。

（一）病原

链球菌为革兰氏阳性菌，呈链状排列，不形成芽孢，种类多。C 型链球菌引起败血症，E 型链球菌引起淋巴结炎。

（二）流行特点

当猪群暴发和流行时，大小猪均可感染发病，在猪群中以仔猪、架子猪和妊娠母猪的发病率高。一年四季均可发生，但以 5—11 月发生较多。常为地方性流行，多呈败血型，如防控不及时，则发病率、病死率很高；慢性型为地方散发性传染。病猪和带菌猪是本病的主要传染源。

（三）主要症状

该病的潜伏期一般为 1～5 d，慢性病例有时较长。根据临床表现和病程，通常分为急性败血型、脑膜炎型、淋巴结脓肿型。

1. 急性败血型　体温升高达 41～43℃，发抖，废食，便秘，鼻液呈浆液性。眼结膜发红，耳、颈、腹下出现紫斑。跛行或不能站立，共济失调，磨牙，昏迷等神经症状。病的后期呼吸困难，常在 1～3 d 内死亡。

2. 脑膜炎型　体温 40.5～42.5℃，厌食，便秘，有浆性或黏性鼻液，共济失调，转圈，磨牙，后肢麻痹，前肢爬行，四肢呈游泳状或昏睡不醒等。后期呼吸困难，部分病猪发生关节炎、关节肿胀。有的小猪在头、颈、背部出现水肿，死亡率很高。

3. 淋巴结脓肿型　病猪咽部、耳下、颈部等处淋巴结发炎。触诊坚硬，有热痛，化脓成熟后，自行破溃流脓，全身症状好转。

（四）病理变化

各器官充血、出血，有浆液性炎症。心包液增多，肺肿大呈暗红色，脾表面有纤维素。脑膜充血、出血，脑脊髓积液浑浊。关节肿胀、充血，滑液浑浊。关节皮下胶样肿胀，关节软骨坏死，关节周围组织有多发性化脓灶。

(五) 防控

1. 预防　每年定期进行链球菌疫苗的预防注射，一般在断奶前后免疫 1 次，免疫期半年。留做种用的 6 个月再免疫 1 次。发生本病流行时，应采取封锁、隔离等措施，对病猪和可疑猪应采用药物治疗，全场彻底消毒。平时要加强饲养管理，注意清洁卫生和消毒工作。

2. 治疗　青霉素每千克体重 3 万 U 肌内注射，每天 2 次，连用 3～5 d；长效土霉素每千克体重 10～15 mg 肌内注射；磺胺- 6 -甲氧嘧啶钠每千克体重 0.15 mg 肌内注射，每 12 h 1 次，按时用药，首次用药加倍。野菊花 60 g、忍冬藤 60 g、紫花地丁 30 g、白毛夏枯草 60 g、七叶一枝花 15 g，煎汁，拌料喂服，每天 1 剂，连用 3 剂。蒲公英 30 g、地丁草 30 g 煎汁，拌料喂服，每日 2 剂，连用 3 d。

3. 管理　做好环境卫生工作、消除感染因素。经常打扫猪圈内外卫生，做好消毒工作。防止猪圈和料槽上有尖锐物体刺伤猪体。若发现猪体有外伤，及时清洁伤口，涂抹碘制剂或紫药水。新生仔猪应无菌结扎脐带，并消毒。饲养人员有外伤时应避免接触病猪，发现病猪后及时通知兽医。

八、猪传染性胃肠炎

猪传染性胃肠炎是由猪传染性胃肠炎病毒引起的猪的一种高度接触性肠道疾病，主要感染仔猪并出现严重腹泻。各种年龄猪都可发生，但主要影响 10 日龄以内仔猪，病死率可达 100%，5 周龄以上猪病死率低，但生产性能下降，饲料报酬率降低。

(一) 病原

猪传染性胃肠炎病毒在急性期存在于病猪的全身脏器中，但很快消失。而在病猪的肠黏膜、肠内容物、排泄物及肠系膜淋巴结内存在时间较长。

(二) 流行特点

本病多发生于冬季和春季等寒冷季节，不同年龄的猪均可感染，病猪和带毒猪是本病的主要传染源。健康猪与病猪及其排泄物接触或食入污染的饲料和饮水等，经呼吸道和消化道而感染。在新疫区，本病可呈急性暴发，传播迅速；在老疫区，虽然不断有易感猪出生，但发病率低。

（三）主要症状

成年猪和仔猪都会感染发病，本病的潜伏期很短，多数为15～18 h，有时为2～3 d，传播迅速，数日内可波及全群。仔猪突然发病，先呕吐，继而水样腹泻，粪便为黄色、绿色或白色等，含有未消化的乳凝块。病猪明显脱水，10日龄以内的仔猪多在出现症状后2～3 d内死亡，多数发病后2～7 d死亡；5日龄内仔猪病死率95%～100%；育肥猪感染率可达100%，突然发病，水样腹泻，食欲不振，腹泻，粪便呈灰色或茶褐色，内含少量未消化食物，病程5～7 d，腹泻初期有极少数猪呕吐。

（四）病理变化

尸体脱水明显，胃底黏膜轻度充血，仔猪胃内充满凝乳块。肠壁变薄，其内充黄绿色或灰白液体，含有气泡。小肠肠系膜淋巴管内缺乏乳糜。空肠肠绒毛变短、萎缩及上皮细胞变性、坏死和脱落。

（五）防控

加强饲养管理，确保哺乳猪舍的温度达到要求，采用猪传染性胃肠炎-猪流行性腹泻二联灭活苗进行免疫注射。猪场实行严格的综合性防疫措施，病毒对日光和热敏感，对胰蛋白酶和猪胆汁有抵抗力，常用的消毒药容易将其杀死。及时清粪保持圈舍卫生；定期消毒，消灭病原；执行严格的出入场制度，切断传染途径；施行合理的免疫程序，提高猪体的免疫能力。发病时，迅速隔离病猪，给病猪补充水分和电解质，如口服补盐液，避免脱水；使用广谱抗生素，防止继发细菌感染，如直接在乳猪料中添加一定量的四环素类抗生素来抑制或杀灭病原，每吨饲料拌强力霉素500 g，或用恩诺沙星注射液肌内注射，每千克体重0.1 mg。

九、猪流行性腹泻

此病是由猪流行性腹泻病毒引起的一种急性接触性肠道传染病。主要危害仔猪，造成水样腹泻、呕吐，有较高的病死率；大猪一般呈一过性的非典型症状。临床上与猪传染性胃肠炎很难区分，目前可用猪传染性胃肠炎和猪流行性腹泻二联灭活疫苗免疫母猪，使仔猪获得母源抗体。加强饲养管理，做好消毒、保温措施。

（一）病原

猪流行性腹泻病毒属于冠状病毒科冠状病毒属，病毒粒子呈多形性，倾向于圆形，直径 95～190 nm。大多数病毒粒子有一个电子不透明的中央区，顶端彭大的纤突长 18～23 nm，从核衣壳向外呈放射状排列。

（二）流行特点

本病仅发生于猪，各年龄的猪都能感染发病，哺乳仔猪、架子猪和育肥猪的发病率很高，可达 100%，母猪发病率为 15%～90%，病猪是主要传染源，经消化道感染，冬季发病较多，也能在夏季发病。呈流行性或地方性流行。

（三）主要症状

潜伏期一般为 5～8 d，人工感染潜伏期为 8～24 h。病初表现呕吐，多发生于采食或吮乳后。症状的轻重随日龄的大小而有差异，日龄越小，症状越重，体温正常或稍高，精神沉郁，食欲减退或废绝。腹泻粪便如水样，呈灰黄色或灰色，常伴发呕吐。1 周龄内仔猪发生腹泻后，3～4 d 后严重脱水而死亡，病死率可达 50%，最高的病死率达 100%。断奶猪、母猪、呈现精神委顿、厌食和持续腹泻（约 1 周），并逐渐恢复正常。少数猪恢复后生长发育不良。育肥猪在同圈饲养感染后发生腹泻，1 周后康复，病死率 1%～3%。成年猪症状较轻，有些仅表现呕吐，重者水样腹泻 3～4 d 可自愈。

（四）病理变化

眼观病变仅限于小肠，肠管扩张，其内充满黄色液体，肠壁变薄，肠系膜充血，肠系膜淋巴结水肿，小肠绒毛缩短。组织学变化见空肠段上皮细胞的空泡形成和表皮脱落，肠绒毛显著萎缩。在猪群中传播的速度也较缓慢，病死率低。

（五）防控

目前尚无特效治疗方法，应加强护理和采取对症疗法。免疫预防可采用猪传染性胃肠炎-猪流行性腹泻二联灭活苗或者甲醛氢氧化灭活苗。

十、猪流行性感冒

猪流行性感冒是由流行性感冒病毒引起的一种急性、热性、高度接触性传染病，以突然发病、传播快、发病率高、病死率低、发热、咳嗽、肌肉和关节疼痛、呼吸道症状为特征。

（一）病原

流行性感冒病毒属于正黏病毒科 RNA 病毒，可分为甲、乙、丙三型，一般认为甲型流感病毒可在人与猪之间相互传播。

（二）流行特点

各种年龄的猪均易感，秋冬季属高发期，但全年可传播。主要通过飞沫经呼吸道传染，饲养管理不良，长途运输导致过于疲劳、拥挤等都是促进发病的因素，呈地方性流行或大流行，发病率高，病死率低。

（三）主要症状

该病的发病率高，潜伏期短，几小时到数天。自然发病平均 4 d，人工感染则为 24～48 d。突然发热，体温升高至 40.3～41.5℃。精神不振，食欲减退或废绝，常横卧在一起，不愿活动，呼吸困难，激烈咳嗽，眼鼻流出黏液。

（四）病理变化

猪流感的病理变化主要在呼吸器官。鼻、咽、喉、气管和支气管的黏膜充血、肿胀，表面覆有黏稠的液体，小支气管和细支气管内充满泡沫样渗出液。胸腔、心包腔蓄积大量混有纤维素的浆液。肺脏的病变常发生于尖叶、心叶、间叶、膈叶的背部与基底部，与周围组织有明显的界限，颜色由红至紫，塌陷、坚实，韧度似皮革。脾脏肿大。颈部淋巴结、纵隔淋巴结、支气管淋巴结肿大多汁。

（五）防控

1. 预防　加强饲养管理，在春秋阴雨连绵和气候骤变的季节，应避免受凉和过于拥挤；冬、春季寒冷天气要保持清洁、温暖和干燥。一旦发生此病，立即隔离和治疗。被污染的圈舍、用具和食槽等用2%～3%的氢氧化钠溶液或10%～20%的新鲜石灰乳消毒。

2. 治疗　无特效药物，可根据病情对症治疗。板蓝根注射液3～5mL，肌内注射，每日2次，连续3～5d；柴胡、薄荷、陈皮各19g，菊花、紫苏各16g，土茯苓13g，生姜为引子，共煎水1次，内服。

十一、猪圆环病毒2型病

目前是世界养猪业面临的严重问题。近年来很少呈现典型症状，普遍呈隐性感染状态。疫苗免疫是目前可行的控制措施。加强猪群饲养管理，搞好环境卫生，定期消毒，制定合理的免疫程序是控制本病暴发的关键。

十二、猪伪狂犬病

本病可造成妊娠母猪50%流产、死胎或木乃伊胎。仔猪表现神经症状，无母源抗体的新生仔猪病死率可达100%。育肥猪病死率较低。基因缺失疫苗是预防该病的主要措施。该疫苗为天然毒力缺失株，再去除不影响免疫原性的gE基因，作为分子标记区别于野毒株的感染。鼠是主要的传染源，猪场平时要做好灭鼠措施。

十三、猪细小病毒病

猪细小病毒病所致的繁殖障碍是世界养猪业面临的难题。猪群一旦感染，发病率较高。带毒公猪繁殖力低下，可通过精液长时间排毒。PCR可用于持续感染的诊断，血清抗体检测无诊断价值。用灭活疫苗或弱毒疫苗免疫是可行的预防措施。

十四、猪巴氏杆菌病

本病无特征性的临床症状和病理变化，其确诊要分离病原菌。应注意与猪流感、胸膜肺炎、急性副伤寒、猪丹毒、猪瘟等的鉴别。青霉素、链霉素和四环素类药物有一定疗效，抗生素和磺胺类药物联合使用效果明显。但是此病原菌极易产生耐药性，有条件时，尽量做药敏试验，选择敏感药物。每年春秋两季定期用猪肺疫氢氧化铝甲醛菌苗或者猪肺疫口服弱毒苗进行两次免疫接种；

也可用猪丹毒、猪肺疫二联苗或猪瘟、猪丹毒、猪肺疫三联苗；接种前后 7 d 内，禁用抗生素。改善饲养管理，采用全进全出的生产程序，坚持自繁自养，减少猪群密度等控制本病。对常发病猪场，要在饲料中添加抗菌药物进行预防。

十五、猪布氏杆菌病

猪布氏杆菌病可引起猪的流产和不育，是多种动物和人的共患病。可经气溶胶传播。对疑似病猪禁止解剖。凡涉及疑似样本，应在生物安全 2 级及以上实验室进行，实验室诊断和检疫主要靠血清学检查及变态反应，对流产的动物及其他特殊情况可在生物安全 3 级及以上实验室进行细菌学检查。不提倡用抗生素治疗，以免产生耐药菌株。本病采用疫苗接种有显著效果。对发病场户应采取猪群全面检疫，淘汰病猪。

十六、猪丹毒

猪丹毒主要引起 3～8 月龄猪的菌血症，病死率高。可采取高热期病猪耳静脉血涂片染色镜检进行初步诊断。该病菌耐腐败和干燥，对消毒剂抵抗力不强，对青霉素敏感，消毒剂、青霉素是治疗该病的特效药。本病可采用疫苗进行预防。对被污染的圈舍场所进行严格消毒，病猪进行焚烧。

第三节　猪主要寄生虫病的防治

一、猪囊尾蚴病

猪囊尾蚴病又称猪囊虫病，是由寄生在人小肠内的猪带绦虫（有钩绦虫）的幼虫（猪囊尾蚴）寄生在猪的横纹肌等组织引起的人兽共患病。

（一）病原

猪囊尾蚴（猪囊虫）是猪带绦虫的中绦期幼虫，寄生于猪的肌肉内。猪囊尾蚴不仅寄生于猪肉内，而且还可寄生于人的脑、心肌等器官中，往往导致严重的后果。

（二）流行特点

猪囊尾蚴呈全球性分布，主要发生于猪，人既可患绦虫病，又可患囊尾

蚴病。

（三）主要症状

大量虫体寄生时，病猪可能出现消瘦、贫血，甚至衰竭，以及前肢僵硬、声音嘶哑、咳嗽、呼吸困难和发育不良等。生前可检查眼睑、舌缘和舌下系带，有豆状肿结节。宰后在肌肉或其他脏器发现囊尾蚴，即肌纤维间有黄豆大小、半透明、无色、椭圆形的囊状物，囊内充满液体，囊壁上有1个乳白色的小结节状头节。

（四）防治

1. 预防　采用“查、驱、管、检”的综合防治措施，即普查绦虫病患者；用南瓜子、槟榔合剂或灭绦虫灵等药物驱虫；发动群众，管好厕所、猪圈，控制人的绦虫、囊尾蚴的相互感染；加强肉食品卫生检验工作。

2. 治疗

（1）吡喹酮，每千克体重50 mg，口服，每日1次，连用3 d；或混于5倍量的液体石蜡，肌内注射，每日1次，连用2 d。有的加大剂量至每千克体重200 mg，一次性内服；或每千克体重150 mg，分3等份，每日1次，肌内注射，连用3日，均有效。

（2）阿苯达唑、噻苯咪唑或甲苯咪唑，每日每千克体重25～40 mg，分2～3次口服，1个疗程为5～7 d，能驱杀成虫和肌肉中的幼虫。

二、猪旋毛虫病

猪旋毛虫病是由旋毛虫的成虫寄生于小肠，幼虫寄生于咬肌、膈肌、臀肌等肌肉中所引起的人畜共患寄生虫病。临床症状根据带虫量而不同，主要表现为体温升高，腹泻，食欲不振，迅速消瘦，眼睑水肿等，半个月左右死亡。因旋毛虫病可致人死亡，故在肉品卫生检疫中将旋毛虫列为首要检查项目。

（一）病原

旋毛虫属于毛形科毛形属，成虫细小，呈线形，白色，肉眼几乎难以辨认。成虫与幼虫寄生于同一宿主。

（二）流行特点

猪、犬、猫、鼠类和人等均可感染，人感染旋毛虫是由于吃了含有旋毛虫的生肉或未煮熟的肉。

（三）主要症状

该病主要是人的疾病，可引起肠炎或急性肌炎，乃至死亡，对猪和其他动物的致病力轻微。当猪感染严重时，感染后 3～7 d，有食欲减退、呕吐和腹泻症状。感染后 2 周幼虫进入肌肉引起肌炎，可见疼痛或麻痹、运动障碍、声音嘶哑、吞咽困难、体温上升和消瘦，有时眼睑和四肢水肿。

（四）防治

1. 预防

（1）在流行地区，猪只不可放牧饲养，不用生的废肉屑和泔水喂猪。

（2）在猪舍周围做好灭鼠工作。

（3）加强肉食品的卫生检验工作，发现含旋毛虫的肉应按肉品检验规程处理。

（4）改变饮食习惯，不食生猪肉。

2. 治疗　用甲苯咪唑和苯硫哒唑每天每千克体重 30 mg，连用 5 d，对肠道内成虫、包囊幼虫均有驱虫效果；用氟苯哒唑 500 mg/kg 混入饲料内（以体重计），连用7～21 d 有效；用伊维菌素 0.3 mg/kg 投喂（以体重计），连喂 7 d，有减少成虫的效果。

三、猪疥螨病

猪疥螨病是由疥螨寄生在猪体表真皮内所引起的以奇痒为症状的一种慢性皮肤病。由于皮肤剧烈瘙痒，患猪在墙壁、围栏等处摩擦，可引起皮肤损伤，对猪的生长、发育、繁殖造成危害。严重感染往往引起死亡，是危害畜牧业生产的重要寄生虫病之一。

（一）病原

猪疥螨虫为一种小寄生虫，灰白色或带黄色，肉眼看不到。疥螨在宿主的皮肤内挖掘穴道在其中寄生，发育过程分为卵、幼虫、若虫和成虫 4 个阶段。

（二）流行特点

（1）幼畜易感，宿主特异性较强。

（2）多发生于冬、春两季，干燥与直射的阳光杀螨作用较强，阴暗、潮湿有利于繁殖。

（3）健康猪与病猪直接接触传播，也可经被污染的用具、饮水、垫料等间接传播。

（三）主要症状

主要是皮肤发炎、脱毛、奇痒和消瘦，通常从头部皮肤开始，逐渐蔓延至其他部位。病猪经常摩擦墙角与饲料槽等，严重时皮肤肥厚粗糙、龟裂，食欲减少，变瘦，贫血，发育迟缓。

（四）防治

1. 预防　定期灭螨，搞好猪舍卫生工作，保持舍内环境清洁、干燥、通风。引进猪种时，应隔离观察，并进行预防杀螨后方可混群。发现病猪，应立即隔离治疗，以防蔓延，同时应用杀螨药对猪舍和用具进行彻底喷洒消毒。

2. 治疗　目前，治疗猪疥螨的药物很多，宜选用高效、低毒、安全的药物。用温水刷洗痂皮再涂擦药物，如1%～3%的甲酚皂溶液；伊维菌素或阿维菌素按每千克体重300mg，颈部皮下注射，效果良好；1%的敌百虫溶液涂擦患部，每日1次；烟草水，取烟草沫或烟叶1份，加水20份浸泡1d，再煮沸1h，用其水洗擦患部。

四、猪蛔虫病

该病主要危害2～6月龄的猪。猪蛔虫与猪机体争夺营养，幼虫移行造成肺、肝等脏器损伤，引起咳嗽、呼吸困难，肝脏受损引起结缔组织增生。患猪生长迟缓，机体抵抗力降低并继发感染，造成猪群发病率上升，治疗难度加大。

治疗时，用伊维菌素，每千克体重0.3mg，肌内注射。

五、猪鞭虫病

该病是由猪毛首线虫寄生于猪盲肠、结肠内导致的以腹泻为主要症状的一种寄生虫病。轻度感染无临床表现，重度感染时出现贫血、血便等症状，随着腹泻的发生，患猪瘦弱无力，脱水，食欲废绝，渴觉增加，最后衰弱而死。

治疗时，用阿苯达唑 20 mg/kg（以体重计）口服，36 h 后即可排虫。

六、猪球虫病

猪球虫病是由等孢球虫和艾美耳球虫寄生于猪小肠上皮细胞所引起的以腹泻为主要临床症状的原虫病。患猪主要表现腹泻，前期排黄色、灰色稀便，随后排黑色恶臭、带气泡的液体状粪便。患猪消瘦，生长停止。

治疗时，用磺胺-6-甲氧嘧啶，每千克体重 20～25 mg，每日 1 次，连用 3 d。

七、猪小袋纤毛虫病

猪小袋纤毛虫病是由小袋纤毛虫寄生于猪大肠内所引起的原虫病。可感染不同阶段的猪，多发于断奶后至 80 日龄的仔猪，呈现衰弱、消瘦、腹泻等症状。

治疗时，用甲硝唑每头 0.25 g，口服，每日 2 次，连用 2 d。停药 3 d 后再给药 2 d。

第四节　滇南小耳猪疫病防控重点

滇南小耳猪较其他杂交品种有一定的抗病优势。结合当地情况制定合理的免疫程序，做好生物安全工作、搞好猪场环境卫生、避免疫情暴发是防控疫病的关键性措施。根据滇南小耳猪的生活习性和耐粗饲的特点，注意日粮搭配，提供足够的运动场地和运动时间，提高猪的抵抗力。加强饲养人员的培训，提高其饲养水平。这些都是滇南小耳猪疫病防控的重点。

一、日常预防措施

（一）搞好环境卫生

空栏时对猪舍进行全面消毒，可用冲洗、日晒、药物喷洒等方法。

(二) 防止病原入侵和扩散

对新引进猪要隔离观察 3 周以上；禁食病死猪，需要无害化处理；避免外人进入圈舍。

(三) 加强饲养管理，提高抵抗力

猪舍注意通风、保温，特别要防止贼风；保持圈舍干燥、清洁；保证合理的饲养密度；全价饲料与青绿饲料相结合饲喂。

二、免疫程序、驱虫

(一) 免疫

规模场以计划免疫为主，农村散养户以“321”免疫模式进行。

(二) 驱虫

可将伊维菌素、阿苯达唑等作为常用药。

第八章
滇南小耳猪养殖场建设与环境控制

第一节　猪场选址与建设

一、选址与布局

（一）选址

滇南小耳猪养殖场的选址非常重要。场址的好坏，直接影响着猪场将来生产和经济效益，因此在选址时要因时因地做出正确判断，合理地选择。

1. 猪场场地落实　猪场用地，应选择法律法规明确规定的禁养区以外的地方，要注意不能选择基本农田，同时要了解清楚该地块及周围地块是否为今后政府规划发展的区域。否则将会给猪场带来不必要的损失。

2. 猪场地理环境条件　选址要在交通、电力设施便利或易于获得电源，水源充足，地势高燥，阳光充沛，通风良好的宽阔地带。由于西双版纳地处高温、高湿地带，尤其不能选择在低洼、不透风的山窝里。同时还应该严格遵守以下条件：距离生活饮用水源地、畜禽养殖场、畜禽屠宰加工厂、动物及其产品交易市场、居民区和主要交通干线500m以上；距离种畜禽场1 000m以上；距离动物隔离场、无害化处理场所3 000m以上的区域。最好选择周边有天然屏障，如附近有森林林地等。

3. 选择有利于排污的区域　所选场地应具备一定的缓坡，这样会对整个养猪场污染减排工作起到很大的作用。同时在选址时，不要靠近河流和村庄，要尽量离远一些，并尽量建在河流的下游地段和村庄的下风口。

4. 场址大小要合理　建立一个猪场，首先要有一个预设规模目标，然后根据目标设定生活区、生产区、饲养管理区等区域需要多大面积，当然可以在既定面积范围上放宽一点，要谨记合理利用好每一寸土地，在有限的土地上创造最大的经济效益。

（二）建设布局

养猪场建设在总体布局上要做到生产区与生活区分开，净道污道分开，正常猪与病猪分开，种猪与商品猪分开。有条件的养猪场要具备：生活区、饲养管理区、生产区、隔离区、粪污处理区。根据所选场址的地势、阳向、风向、流水向及各区间的功能合理排序。

1. 生活区　是管理人员及家属日常生活的地方，包括厨房、职工宿舍和停车场所，最好单独设立，一般建在整个场址的上风口。

2. 饲养管理区　饲养管理区建在生活区与生产区之间，要与生产区相连。由于此区与外界和生产区有着密切的联系，在进入生产区内要有严格的消毒措施和设施。养猪场的饲养管理区主要设立：办公室、饲料加工车间、饲料仓库、水电操作控制室、停车场等设施设备和场所。

3. 生产区　生产区是整个养猪场的核心部分，由各种不同功能的猪舍组成，各舍间既要相互联系，又不能混为一体。根据其功能和联系性，生产区各类猪舍排列应依次为：公猪舍、母猪空怀舍、母猪妊娠舍、母猪分娩舍、仔猪保育舍、育肥舍、病猪隔离舍。

4. 隔离区　隔离区内设兽医室、病猪隔离间及粪污处理区等。该区设在下风向、地势较低的地方，兽医室可靠近生产区，病猪隔离间和粪污处理设施应远离生产区。整个养猪场与外界之间建立围墙或明显的隔离带，主要是保护整个猪场安全生产，不受外界的干扰和避免闲杂人员进入场区。

二、滇南小耳猪猪场建设设计

（一）养猪场建筑面积计算

滇南小耳猪猪场占地总面积、生产建筑面积、辅助建筑面积可根据养殖场预计规模设定。具体建筑面积测算可参考以下标准，按年出栏一头育肥商品猪计算，占地总面积为2.5～3 m^2、生产建筑面积为0.8～1 m^2、辅助建筑面积为0.1～0.12 m^2；也可以根据基础母猪常年存栏量测算，一般按基础母猪每头

50～60 m^2 计算占地面积；建筑面积按每头基础母猪 16～20 m^2 计算。

（二）养猪场生产舍建筑设计

1. 种公猪舍建设　公猪舍建在整个生产区的上风向，与母猪舍相对，为单列半开放建筑，1 头公猪 1 个圈。四面有隔墙，高度一般为 1.2～1.5 m，面积一般为 6～8 m^2。地面用混凝土抹防滑条，坡度为 2%～3%，南向设铸铁漏缝地板，利于排水、尿、粪，饮水器高度为 50～60 cm。公猪舍外设运动跑道或大小适宜的运动场。

2. 配种室　滇南小耳猪主要采取本交的方式，配种室单独设立，最好靠近公猪舍和空怀母猪舍。配种室面积 8～10 m^2，墙体用红砖砌水泥抹面，高度为 1.2～1.4 m，地板用混凝土浇灌加防滑条纹。配种室也可与空怀舍共用。

3. 空怀舍和妊娠舍　为双列半开放式建筑结构，四面围墙，墙高 80～100 cm，每间面积 8～12 m^2，饲养 4～6 头猪，地面用混凝土抹防滑条，坡度为 2%～3%，南向设铸铁漏缝地板，利于排水、尿、粪，饮水器高度为 40～55 cm。

4. 分娩舍　根据地区湿热气候，采用双列半封闭式结构，简易设计为四面围墙，墙高 100～120 cm，墙体以上使用塑料卷帘，屋顶吊顶选择保温、防火、耐腐、耐用且价廉的材料；有条件的，可以在舍的一侧安装湿帘，另一侧安装风扇。整栋猪舍的长度一般不超过 100 m。结合小耳猪的繁殖性能、体高、体长等特点，分娩栏长 160～170 cm，宽 140 cm（母猪栏宽 50 cm，护仔栏左右各 1 个，宽 45 cm），母猪栏高 80 cm，护仔栏高 40 cm，母猪栏底部用铸铁漏粪板，护仔栏底部用塑料漏粪板，一侧放仔猪保温箱，内设红外线保温灯。母猪饮水器装在食槽的一侧，高度 40 cm。

5. 保育舍　采用双列半封闭式结构，四面围墙，墙高 120～150 cm，墙体以上使用活动窗，屋顶吊顶选择保温、防火、耐腐、耐用且价廉的材料；保育栏长 1.8 m，宽 1.4 m，栏高 40 cm；相连两栏间安置一个共用自动饮食槽，最好装在靠走道的一侧，便于加料和观察猪的饮食状况；在保育栏靠窗的这边起至走道方向 2/3 处使用调温地板作为仔猪保育床，剩余 1/3 部分用塑料漏粪板，并在此区适当位置安装自动饮水器，高度一般为 20～30 cm。

6. 育肥舍　为双列半开放式建筑结构，四面围墙，饲喂通道一侧留铁栏门，墙高 80～100 cm，每间面积 12～16 m^2，饲养 10～16 头猪，地面用混凝土抹防滑条，坡度为2%～3%，每间舍与饲料通道相反的另一方0.8～1 m处设铸铁漏缝地板，利于排水、尿、粪，饮水器高度为40～50 cm。在靠走道的一侧设立自动食槽。

第二节　猪场建筑的基本原则

一、基本原则

滇南小耳猪场的建筑原则，一是适合高湿、高热环境；二是正确安排各建筑物的位置、朝向、间距等；三是适合坝区与山区的建筑原则；四是遵循滇南小耳猪习性，建筑材料因地制宜的原则。

二、猪场建筑形式

为适应西双版纳地区高热、高湿气候环境，滇南小耳猪猪场各生产舍，主要采取钟楼式屋顶开放式、半开放式和半封闭式建筑结构，圈舍方向根据选址坡向、风向，最好是东西走向或南偏东或西15°左右朝向，栋间距以8～12 m为宜，建设材料除盖瓦、水泥、红砖、钢材等必须购买的材料外，其他的尽量就地取材。

开放式建筑主要用于育肥猪舍，半开放式建筑主要用于空怀母猪舍和妊娠母猪舍，半封闭式建筑主要用于母猪分娩舍和仔猪保育舍。

（一）基础与地面

滇南小耳猪喜拱啃、好动，因此地面设计应防潮、坚实、易干燥、防滑、耐腐蚀。地面用硬化地面，向粪尿沟方向倾斜2%～3%。

（二）墙体

墙体用红砖砌，墙高一般为1～1.2 m，公猪舍高度1.2～1.5 m。用水泥抹面，要求坚固、耐用，保温性好。

（三）屋顶

用复合彩钢瓦或石棉瓦材料做屋顶，要求坚固耐用、保温、防雨、防火、防噪。

（四）门窗

滇南小耳猪喜拱啃，因此舍门最好用钢筋或角钢制成，与墙同高，向外开门，要求坚实、耐用。除分娩舍和保育舍需要窗户外，其他舍不需要。

（五）粪尿沟

建成内沟，在与饲料通道相反的墙内侧，沟宽30～40 cm，深20～25 cm，要求沟平滑、不渗水，流动方向设3%～5%的坡度。

第三节　猪场内防疫设施设备

防疫设施设备建设是一个标准化养猪场的重要组成部分，防重于治是养猪场的基本理念。因此，我们在建设养猪场过程中，除了必要的养殖基础设施和种源建设外，一定要高度重视养猪场的防疫设施设备建设。

一、猪场入口防疫设施设备

（一）门卫室

猪场大门旁建设门卫室，24 h内均有人值班，进出人员、车辆必须登记和消毒。

（二）猪场大门消毒通道

1. 车辆消毒

（1）车辆消毒池　车辆消毒池设置在猪场的大门口，池深0.2～0.3 m，宽度与猪场大门同宽或根据进出车辆的宽度确定，一般为3～5 m，长度要使车辆轮子在池内药液中滚过1周，通常为5～9 m，池边应高出消毒液10～20 mm，进出口处设为斜坡，池底有0.5%的坡度朝向排水孔（排水孔平时能关闭），消毒池可同地面一样用混凝土浇筑，但其表面应用1∶2的水泥砂浆抹面，消毒池内放一定深度的消毒液。

（2）车辆喷雾消毒设备　消毒池上方设置顶棚，并配备车辆喷雾消毒设备为车身消毒。在车辆消毒池的两侧（或一侧）还应设置有消毒液浸泡的消毒

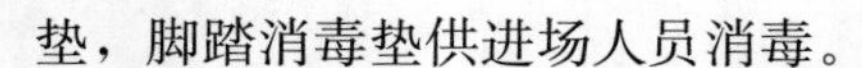

垫，脚踏消毒垫供进场人员消毒。

2. 人员进出消毒　建立人员消毒间（通道），建筑面积为 10～15 m²，内设人员雾化消毒机，人员进入消毒间后，换工作服、防水鞋或防水鞋套，需要 1～2 min 消毒，同时在人员消毒通道里建设消毒池，池深 0.15～0.2 m、长 1.5～3 m。消毒池内放置消毒液或消毒液浸泡的消毒垫。

二、生产区消毒通道

（一）消毒池

在更衣室的出口和各猪舍及兽医室等的入口处，建立池深 0.15～0.2 m、与通道同宽，长度适宜的消毒池。池内放置消毒液或消毒液浸泡的消毒垫。

（二）更衣室和消毒间

建一个 16～20 m² 通间，中间隔开，留一个门，外间作为更衣室，摆放工作服和鞋，里间安装自动超声波雾化人员消毒系统，作为人员消毒间，消毒间内消毒时间一般设定为 2～3 min。

三、生产区防疫设施设备

（1）种猪区。设有值班室，便于及时观察和处理种猪生产，为防止各区间交叉感染，设置专门种猪管理人员。

（2）兽医治疗室。6～10 m²，内配有兽药柜、冰箱、电磁炉、煮沸消毒锅、注射器等防疫设备。有条件的猪场种猪区和生长育肥区应各设一间兽医治疗室。

（3）高压清洗消毒机。用于环境和猪舍的冲洗消毒，生活办公区、种猪区和生长育肥区各一台。

（4）安装防鼠、鸟的设备。

（5）肥猪出栏舍及出猪台。进了出栏舍和上了出猪台的肥猪不能往回赶，出猪台安装地秤，出猪台和粪污处理设施置于围墙边，外来运猪、运粪车不能进入生产区，要求在猪场外完成运猪和装粪等。

（6）建立独立的种猪引进隔离舍和病猪隔离舍。种猪隔离舍距离生产区 3 000 m 以上，病猪隔离舍距离生产区 50 m 以上且在下风口。种猪引进后在隔离舍严格隔离观察 45 d，期间进行消毒、免疫监测、疫病监测，并结合监测情况做好免疫接种。

（7）根据国家相关规定，养猪场要划出无害化处理区域，建立化尸池或其他无害化处理设施设备。

第四节　场舍环境卫生

国家对规模养猪场、养猪小区建设大力扶持，滇南小耳猪规模化养殖程度越来越高，发展越来越快，为了降低猪的发病率，提高猪的生长率，保证养猪效益，结合养猪场的建设规划布局，养猪场的环境卫生体系建设必须加以重视。尤其要特别注意解决猪场舍内的温度、湿度、光照、风速、不良气体等的调控。

一、场区整体规划布局合理

（一）合理的选址和建筑布局

结合当地高湿高热气候条件选址，因地制宜，充分利用有利地形，科学进行各建筑物的规划布局，将会对猪场的环境卫生起到事半功倍的作用。

（二）绿化环境

在养殖场内，生活区、饲养管理区、生产区、场内道路两侧空闲处种植花草树木、蔬菜等。一是可以美化环境，调节小气候；二是可以防风、防尘、防火；三是可以净化空气。

（三）粪污处理

养猪场粪污处理实行固、液分离。采用干清粪的方式，建立干粪堆积发酵池，经发酵处理后的粪污作为有机肥料用于种植业还田；建立排污沟或管道把每栋猪舍产生的粪污水引进三级粪污沉淀池，通过沉淀、过滤、氧化后用于猪场周边的农作物、经济作物等农地及林地消纳。有条件的养殖场可以建立大中型沼气设施，利用沼气工程技术处理人畜粪便，沼渣和沼液皆可当有机肥料利用。

二、利用饲料添加剂

合理利用饲料添加剂（酶制剂、酸化剂、益生素），可减少氨和其他腐败物的产生，降低肠内容物、粪便中氨的含量，使肠道内容物中的甲酚、吲哚、粪臭素等含量减少，从而减少粪便的臭气。另外，在饲料中添加双歧杆菌、粪链球菌等均能减少动物的氨气排放量，净化猪舍内空气，降低粪尿中氮的含量，减少对环境的污染。

三、养猪场舍内环境调控方法及参数

（一）温度

滇南小耳猪耐高热，不耐寒。当气温高于38℃时，个别猪可能发生中暑，妊娠母猪可引起流产，公猪性欲下降，精液品质不良；当低温寒冷，温度低于3℃时会发生仔猪死亡的现象。因此，要根据猪的各生长发育阶段，采取不同的温度调控措施。如吊钟式屋顶设计、安装湿帘、调温地板等进行猪舍温度调控。具体参数可参照表8-1。

表8-1　各阶段猪所需的温度（℃）

各阶段猪	空怀、妊娠前期母猪	种公猪	妊娠母猪	哺乳母猪	哺乳仔猪	断奶仔猪	后备猪	育成猪	育肥猪
温度	14～16	14～16	16～20	16～18	30～32	20～24	15～18	14～20	12～18

（二）湿度

滇南小耳猪耐高湿热，西双版纳地区湿度通常达到70%以上。由于湿度过高会影响猪的新陈代谢，生产性能降低，猪病原容易繁殖，引起肠炎腹泻，还可诱发肌肉、关节方面的疾病。因此，养猪场在饲养过程中，应少用或不用大量水冲洗猪圈，设置通风设备，经常开启门窗，调节舍内湿度。具体参数可参照表8-2。

表8-2　各阶段猪所需的湿度（%）

各阶段猪	空怀、妊娠前期母猪	种公猪	妊娠母猪	哺乳母猪	哺乳仔猪	断奶仔猪	后备猪	育成猪	育肥猪
湿度	60～85	60～85	60～80	60～80	60～80	60～80	60～80	60～85	60～85

（三）光照

适当的光照可促进猪的新陈代谢，加速其骨骼生长并起到消毒杀菌的作用。滇南小耳猪场的光照主要采用自然日光照，为便于饲养管理，舍内安装照明灯。具体参数可参照表 8-3。

表 8-3　各阶段猪需的采光系数、光照度

各阶段猪	空怀、妊娠前期母猪	种公猪	妊娠母猪	哺乳母猪	哺乳仔猪	断奶仔猪	后备猪	育成猪	育肥猪
采光系数	1/12～1/10	1/12～1/10	1/12～1/10	1/12～1/10	1/12～1/10	1/10	1/10	1/20～1/15	1/20～1/15
光照度（lx）	75（30）	75（30）	75（30）	75（30）	75（30）	75（30）	75（30）	75（20）	75（20）

（四）通风

西双版纳滇南小耳猪猪场的通风主要依靠钟楼式、开放式和半开放式建筑结构，以及借助天然优良的自然环境，采用自然通风。除母猪舍和仔猪保育舍采取钟楼式半开放式建筑结构并结合自然环境加上通风设备进行通风外，其他的主要采取钟楼式开放式建筑结构，自然通风。但是，不管是自然通风还是设备通风，要特别注意舍内的风速和风量。具体参数可参照表 8-4。

表 8-4　猪舍通风量参数

各阶段猪	换气量［m^3/（h·kg）］			气流速度（m/s）		
	冬季	过渡期	夏季	冬季	过渡期	夏季
空怀、妊娠前期母猪	0.35	0.45	0.60	0.3	0.3	＜1.0
种公猪	0.45	0.60	0.70	0.2	0.2	＜1.0
妊娠后期母猪	0.35	0.45	0.60	0.2	0.2	＜1.0
哺乳母猪	0.35	0.45	0.60	0.15	0.15	＜0.4
哺乳仔猪	0.35	0.45	0.60	0.15	0.15	＜0.4
后备猪	0.45	0.55	0.65	0.30	0.3	＜1.0
断奶仔猪	0.35	0.45	0.60	0.20	0.20	＜0.6
165 日龄前育肥猪	0.35	0.45	0.60	0.20	0.20	＜1.0
165 日龄后育肥猪	0.35	0.45	0.60	0.20	0.2	＜1.0

（五）空气质量

西双版纳州滇南小耳猪养殖基础设施建设不断完善，原先依靠区域优越的自然环境调控空气质量已不够，标准化、规模化养猪场的建立，猪场猪舍内空气质量对小耳猪健康状况和生产性能的影响日益突出，尤其是消化道与呼吸道疾病多发，死亡率升高，同时药物控制难度加大，畜产品质量下降，安全风险升高。为了减少和消除猪舍内有害气体，在滇南小耳猪场建设时，紧密结合高湿热气候的特点，从选址、布局、建筑结构、粪污处理等方面入手，结合舍内安装通风换气设备，使用过氧化物类的消毒剂等方法，最大限度地解决猪舍内有害气体的问题。具体参数可参照表 8－5。

表 8－5　猪舍有害气体浓度（mg/m^3）

有害气体	空怀、妊娠前期母猪	种公猪	妊娠母猪	哺乳母猪	哺乳仔猪	断奶仔猪	后备猪	育成猪	育肥猪
CO_2	4 000	4 000	4 000	4 000	4 000	4 000	4 000	4 000	4 000
NH_3	20	20	20	15	15	20	20	20	20
H_2S	10	10	10	10	10	10	10	10	10

第九章
滇南小耳猪开发利用与品牌建设

第一节　品种资源开发利用现状

一、种源数量及其增减趋势

滇南小耳猪主要分布于云南省的文山、红河、玉溪、普洱、西双版纳、临沧、德宏等州、市，据统计，现存栏量在 15 万～20 万头，其中西双版纳州存栏 10 万头。

滇南小耳猪在西双版纳州主要分布于景洪市的景哈、嘎洒、勐龙、勐旺、基诺乡，勐腊县的象明、易武、瑶区、勐伴、关累，勐海县的西定、勐往、布朗山、勐宋、格朗和等乡镇的部分村寨，是西双版纳州生猪产业化发展的主要地方品种。据有关资料报道，20 世纪 80 年代前，西双版纳州还保持相当数量的纯种滇南小耳猪品种类群。但随着商品市场流通步伐加快，与外界交往增多，受经济利益的驱动，导致了纯种滇南小耳猪的数量逐年减少。1986 年纯种滇南小耳猪还存栏 20 万头，到 1991 年就已降为 16 万头，至 2015 年以来年存栏保持在 10 万头左右。

在滇南小耳猪良种繁育体系建设方面，在国家、云南省、西双版纳州和各市县的扶持下，1980 年西双版纳州建立了滇南小耳猪遗传资源保种场，1995 年和 2008 年被农业部认定为国家级滇南小耳猪保种场，现存栏滇南小耳猪原种 8 个家系，基础母猪 200 多头。2000—2015 年，在景洪市、勐腊县和勐海县分别建立了 6 个扩繁场，存栏基础母猪达到 7 000 头，其中，企业存栏基础母猪 4 000 头，农村合作社及农户存栏基础母猪 3 000 头。

在滇南小耳猪产业化开发方面，由西双版纳邦格牧业科技有限公司、布朗山曼囡生态小耳猪养殖专业合作社、勐腊县瑶区冬瓜猪养殖专业合作社等龙头企业在景洪市、勐海县、勐腊县多个乡镇建立了滇南小耳猪生态养殖示范村，开展养殖小区和代养模式，采用“公司＋合作社＋农户”的运作模式，向农户提供商品猪并提供技术，按照合同保护价格向农户收购，统一加工、统一品牌、统一销售。积极开展滇南小耳猪标准化养殖生产，已形成一套较为成熟的滇南小耳猪标准化饲养技术，打下了产业化开发的技术基础，初步建立起了产、供、销为一体的产业化模式。企业以自身优势“订单”向农民保护价收购生猪，从而有效提高了农民的养猪积极性，对稳定滇南小耳猪特色养殖和促进西双版纳州畜牧业发展起到了重要的推动作用，2014 年和 2015 年出栏分别达到了 50 000 头和 70 000 头。

二、主要开发利用途径

（1）建立滇南小耳猪保种核心场，组建形成 200 头以上的纯种基础母猪群，收集、管理、提纯公猪血缘，建立系谱档案，制定选育方案及杂交利用技术路线。

（2）利用滇南小耳猪作为育种素材，通过本品种选育，选择瘦肉型猪进行杂交利用，建立滇南小耳猪配套系，生产更符合市场需求的高端猪肉。

（3）积极开展品牌战略计划，建设养殖生产和深加工生产基地，宣传推广品牌优质高端猪肉产品，开拓销售市场网络。

（4）建立保种和开发利用信息管理系统，作为保种、信息咨询、成果监测、开发利用和管理工作手段。

三、主要产品产销现状

在西双版纳州的景洪市、勐海县和勐腊县分别建有国家级保种场 1 个、标准化扩繁场 6 个、专业养殖合作社 10 个，基础母猪存栏达 7 000 头，年出栏优质滇南小耳猪达 70 000 头，其中，商品肥猪 50 000 头、商品仔猪 15 000 头和种猪 5 000 头。

在景洪、勐海、勐腊、昆明，开设滇南小耳猪系列产品营销中心、直营店、专营餐厅，每天销售数量 100～150 头，产品以生鲜肉、冷鲜肉、鲜肉肠、香肠、腊肉、油炸肉为主，销售价格最高达 180 元/kg。滇南小耳猪鲜肉产品以其“皮薄、骨细、鲜、香、嫩、糯”的特点深受消费者的青睐。

同时，以景洪、昆明为中心市场，辐射全国大中城市，其中鲜肉、鲜肉肠、香肠等产品已销往北京、上海、广州、重庆、成都等大中城市。

四、科技研发进展

云南农业大学利用滇南小耳猪中的小型猪，通过系统选育后，经 20 世代连续高度近交培育的滇南小耳猪近交系，已形成一类遗传稳定的独特群体，是理想的医学实验动物及开展基础科学研究的理想素材。

西双版纳邦格牧业科技有限公司在各级政府的扶持下，联合云南农业大学，正在利用滇南小耳猪优良肉质遗传特性，通过本品种选育、杂交配套，开发培育个体外貌特征一致、群体规格大小整齐、生产性能优良稳定、且拥有自主知识产权的小耳猪。

第二节　主要产品加工工艺及营销

一、屠宰工艺

见图 9－1。

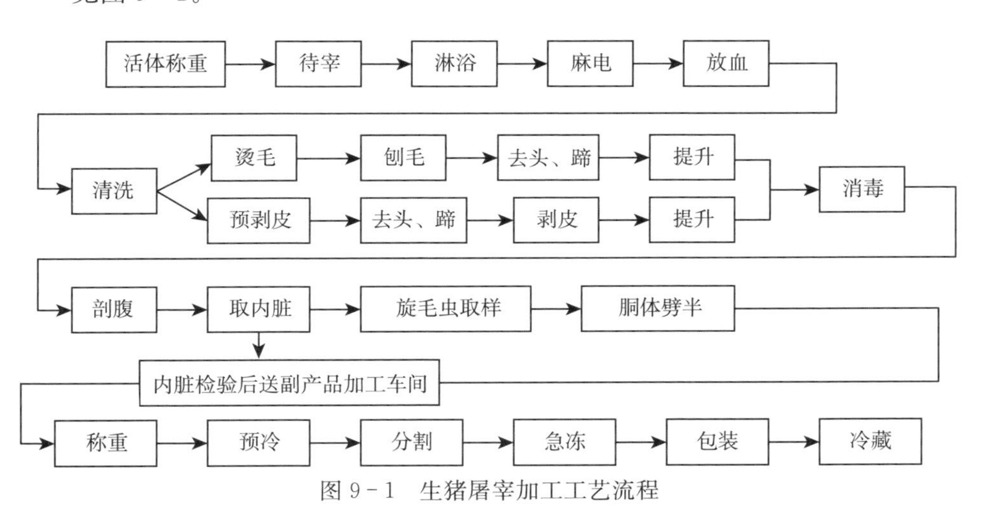

图 9－1　生猪屠宰加工工艺流程

（一）生产技术特点和要求

（1）生猪运来后经兽医检疫，合格生猪过磅送入待宰车间，在待宰车间停食静养 12～24 h，宰前 3～4 h 充分供水，经清水淋浴干净，分批次送进屠宰车间。

（2）生猪进入屠宰车间后，设立一个特殊的通道，让猪有序排队单行，依序进入V形传送带。V形传送带输送限制猪的活动，在V形传送带上用电麻器将猪击晕。

（3）击晕后的生猪落到平板输送机上，经斜提升机后将猪挂上悬挂输送机，紧跟着刺杀，经6 min放血后，通过一台洗猪机清洗猪身血迹，然后进行头部检验。

（4）根据生产要求，用气压卸猪器将猪卸到预剥台或烫毛池内，进行预剥皮或烫毛。需剥皮的猪，在预剥台上手工预剥，然后再进剥皮机进行剥皮，经剥皮后的猪经斜提升机将猪挂上悬挂输送机，然后进入开膛工序。需要烫毛的猪在烫猪机内经蒸汽喷烫后，被送到牲畜刨毛机上刨毛，经刨毛的猪清洗整理后，经斜提升机将猪挂上悬挂输送机。

（5）将生猪用电锯劈成两半分开，撕板油后割头再用清水冲洗。冲洗后的半边胴体进入预冷间。经24 h预冷后的半边胴体，肉中心温度降到7℃以下，再进行分割，分割间温度控制在12℃以下，包装车间温度控制在8～10℃。

（6）猪肉按不同的品种，分别用符合出口食品卫生标准的聚乙烯膜进行内包装，整形急冻24～48 h，急冻温度控制在－28℃以下，然后贴上标签、装箱，进入冷库，在－18℃以下贮存。

（二）生产中的关键技术

（1）在刺杀放血工艺中，坚持一猪一刀一消毒，防止交叉感染。

（2）开膛后胴体温度在38℃左右，此后要进入预冷间（0～4℃），以冷风机吹风，风速为0.5～1.5m/s，保持湿度95%左右，冷却24h，使胴体中心温度达7℃以下，再进行胴体分割、剔骨和包装。

（3）整个冷鲜肉（含中乳猪和分割肉）加工产品，流通和分销等过程均必须保持在0～4℃的冷链中进行。

（三）检疫、检验

1. 产地检疫　猪离开饲养产地之前的检疫，由动物防疫监督机构实施。包括：了解当地疫情，查验免疫证明，检查按国家或地方规定必须强制预防接种的项目，动物必须处在免疫有效期内。

临床检查：

静态——检查精神状况、外貌、营养、立卧姿势、呼吸。

动态——检查运动时头、颈、腰、背、四肢的运动状态。

食态——检查饮食、排便时姿势、粪尿的质度、颜色、含混物、气味。

视诊——检查精神外貌、营养状况、起卧运动姿势、呼吸、可视黏膜、天然孔、鼻镜、粪、尿等。

触诊——触摸温度、弹性，胸廓、腹部敏感性，体表淋巴结的大小、形状、硬度、活动性、敏感性等。

叩诊——叩诊心、肺、胃、肠、肝区的音响、位置和界限，胸、腹部敏感程度。

听诊——听叫声、咳嗽声、心音、肺泡气管呼吸音等。

检查体温、脉搏、呼吸数。

2. 屠宰检疫　由动物防疫监督机构实施，屠宰检疫是指对待宰动物所进行的宰前检疫和在屠宰过程中所进行的同步检疫。宰前检疫是对待宰动物进行活体检查；屠宰的同步检疫是在屠宰过程中，对其胴体、头、蹄、脏器、淋巴结、油脂及其他应检疫部位按规定的程序和标准实施的检疫。

3. 品质检验　肉品品质检验是一种企业行为，由屠宰厂或肉联厂按照国家有关规定自行实施，内容包括：传染性疾病和寄生虫病以外的疾病，有害腺体，屠宰加工质量，注水或注入其他物质，有害物质，种公猪、母猪及晚阉猪。

二、屠宰率的计算

屠宰率指生猪活重（空腹 12 h）和宰后胴体重量的比率。胴体指生猪屠宰后，去除毛、头、尾、蹄壳、内脏后的整个躯干部分。

$$屠宰率=胴体重量/生猪活重\times 100\%$$

三、产品分割

分割阶段主要是对胴体进行按部位分割、去脂、剔骨，产品加工时间，应控制在 30 min 内。冷却至 4～7℃的分割产品，在包装时应尽快完成包装，并及时进入冷藏库贮存（0～4℃）。

四、主副产品鲜销与深加工及营销途径

在大中城市开设销售中心、微店、直营店，建立销售网点。主产品（鲜

肉）主要通过销售中心配送、微店销售配送、直营店销售给消费者。副产品配送至定点客户进行深加工（熟食品、腊制品）后销售给消费者。

五、新产品开发潜力

根据不同市场需求，除鲜肉、冷鲜肉外，研制开发新产品如鲜肉肠、香肠、腊肉、精炼香猪油等。

第三节　品种资源开发利用前景与品牌建设

一、利用途径及主要发展方向

随着人民生活水平的不断提高，猪肉消费市场向优质安全转变。充分利用滇南小耳猪资源优势，开发出西双版纳名、特、优畜产品已成为市场需求的主导方向。

作为一种具有地理标识和原产地标志的生物品种资源，滇南小耳猪是具有不可再生性和替代性的地方猪品种资源，是目前西双版纳发展区域经济战略性目标开发的主要地方猪种，因此，通过保护滇南小耳猪品种资源，充分利用其资源优势，为开发各类品牌的高端肉食品提供优质原料，提高市场竞争力和市场占有率，从而达到促进西双版纳优质肉猪产业化发展的目的。

二、资源特性及其利用的深度研发

（一）品种优势

滇南小耳猪是西双版纳州傣族、哈尼族、布朗族、拉祜族等少数民族经过长期选育形成的地方良种，通过云南农业大学动科院等科研部门的悉心培育，在品质上有较大的提高，成为西双版纳养猪生产的当家品种。具有以下几种特性：一是耐高温高湿气候。在气温 43℃、相对湿度 90%的生态条件下，能生活自如，这是其他品种猪难以相比的，同时在灼热的阳光下不易患皮肤炎，并有抗表皮寄生虫的能力。二是耐粗饲。在放牧日喂一次（芭蕉秆、米糠、少量碎米或小米）的条件下觅食力强，贮积养分能力强，均能保持 7～8 成膘情，在任何体重均可屠杀，是烤猪的优质原料。三是遗传稳定，近交衰退不明显。由于滇南小耳猪是在封闭的自然条件下形成的品种，遗传较为稳定，其小型猪具有作为生物医学模型动物的基本条件，是实验动物选育的理想素材，是我国猪育种工作中重要的基因库之一。四是早熟易肥，皮薄骨细，后腿丰圆，肉质细嫩。

（二）品种劣势

产仔数少，瘦肉率低；母本核心场种猪规模小，种群结构不合理，有品种退化现象；分散饲养，管理粗放，生长周期长，疫病防治不规范；布局不尽合理，规模小，区域优势尚未发挥；产、供、销脱节，企业和养殖户未建立起很好的利益联结机制，产业化程度低，抵御风险能力弱等。

（三）杂交利用

利用滇南小耳猪优良肉质遗传特性，通过本品种选育、繁育，组建生产性能稳定的核心群体，引进瘦肉型良种猪进行杂交组合，建立滇南小耳猪配套系，开发培育个体外貌特征一致、群体规格大小整齐、生产性能优良稳定、肉质口感鲜美、且有自主知识产权的小耳猪。

三、品牌建设及市场开拓

企业将滇南小耳猪这个地方优良品种进行品牌形象塑造，突出地方特色优势、注重科技创新、遵循绿色食品标准、精准定位市场进行全方位的品牌策划及形象塑造。

（一）产品规划

针对企业目前已开发的滇南小耳猪鲜肉产品，对其进行不同的市场细分和定位，根据云南、北京、上海、广东、四川等不同区域消费者的喜好及消费能力确定产品类别，调整产品结构，结合滇南小耳猪文化及滇南小耳猪传统加工方式，应用现代加工工艺技术，研制开发具有西双版纳特色的滇南小耳猪肉系列产品投放市场。

（二）市场规划

加强市场调研，紧扣消费者崇尚健康、生态、安全的消费理念，利用滇南小耳猪皮薄骨细，肉质细腻鲜嫩，肌内脂肪含量高，富含人体需要的各种微量元素和

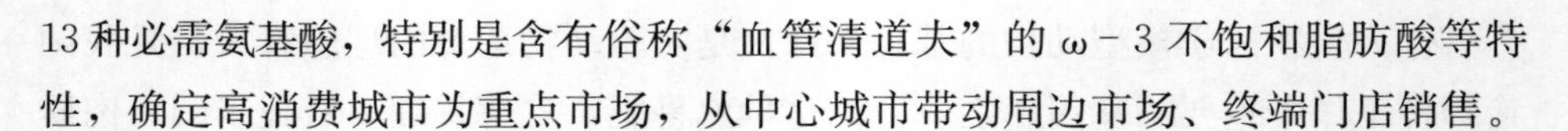

13种必需氨基酸，特别是含有俗称“血管清道夫”的 ω-3 不饱和脂肪酸等特性，确定高消费城市为重点市场，从中心城市带动周边市场、终端门店销售。

（三）打造样板市场

西双版纳作为滇南小耳猪的主产地，尤其是云南具有得天独厚的旅游资源及适宜滇南小耳猪生长的气候环境，随着泛珠三角区域合作的不断深化和中国南盟经济合作的增强，云南在国际、国内区域合作的三重战略地位和作用日益凸显，地处东亚、东南亚和南亚接合部的云南已成为面向东南亚、南亚开放的桥头堡，把云南市场做成滇南小耳猪肉产品的重点市场、样板市场，使来云南的旅客都能够品尝到鲜、香、嫩、糯的滇南小耳猪鲜肉产品，建设集滇南小耳猪生态养殖观光、加工、餐饮旅游为一体的滇南小耳猪生态园。

（四）销售人员的市场跟踪、推广、开拓及促销活动开展

培养一批素质高且技术硬的销售队伍，及时掌握销售区域人文环境、消费习俗、品牌竞争状况，为产品研发提供可靠依据，在市场销售中启动一些促销推广活动，提高产品知名度，并维护好公司与客户之间的关系。

（五）广告宣传

加强滇南小耳猪信息及产品在网站上的更新与维护，通过报刊杂志、电视、广播等宣传载体，展示企业形象及产品特性，进行科学养殖技术推广宣传等，以扩大滇南小耳猪的知名度，引起各地代理商及消费者的广泛关注。

（六）品牌、产品形象建设

企业致力于建设“从土地到餐桌”的绿色畜牧产业链，在完成无公害认证的基础上，有效推进生猪养殖及猪肉产品的绿色、有机认证，提高滇南小耳猪产品的附加值，打造统一、高质量、生动的产品形象。

（七）展会、展览、展示

培植滇南小耳猪特色文化，利用少数民族宗教习俗，餐饮以煎、炸、烧、烤为主，结合养殖特点，创建“名特优的产业品牌”，更好地把滇南小耳猪文化和产品展示给社会。

参 考 文 献

查明恒，角建林，刘汝文，等，2012. 滇南小耳猪 GH 基因 ApaI 酶切位点多态性分析 [J]. 中国畜牧杂志，48（21）：26－27.

邓祖洪，吴茂霞，罕文珍，等，2009. 滇南小耳猪产业化发展对策探讨 [J]. 云南畜牧兽医（5）：10－12.

樊斌，刘榜，余梅，等，2003. 中国小型猪品种遗传多样性的 RAPD 研究 [J]. 华中农业大学学报，22（3）：240－242.

何保丽，角建林，陈丽玲，等，2012，滇南小耳猪生长激素基因多态性研究 [J]. 昆明医科大学学报，33（11）：23－25.

和平，李瑞生，唐恩应，等，2006. 德宏滇南小耳猪品种资源的保护及开发 [J]. 云南农业（4）：29－30.

和平，杨惠，江朝鑫，等，2007，浅谈云南省德宏州滇南小耳猪品种资源的保护及其开发利用 [J]. 中国畜禽种业（1）：27－30.

呼红梅，王继英，郭建凤，等，2010. 莱芜猪和杜洛克猪肌肉 H－FABP 基因表达量与肌内脂肪和脂肪酸含量关联分析 [J]. 华北农学报，25（4）：64－68.

角建林，李进涛，何保丽，等，2013，封闭群滇南小耳猪体重和脏器重量的测定及其相关性分析 [J]. 昆明医科大学学报，34（1）：32－35.

李波，郑红，何保丽，等，2011. 滇南小耳猪血液生理生化部分指标测定 [J]. 昆明医科大学学报，32（8）：13－18.

李华，于辉，蒋岸岸，等，2006. 滇南小耳猪与巴马小型猪 SLA－DQA 基因多态分析 [J]. 畜牧兽医学报，37（5）：430－435.

李桢，曹红鹤，储明星，等，2003. 中外 11 个猪种 H－FABP 基因 PCR－RFLP 的研究 [J]. 畜牧兽医学报，34（4）：313－317.

李志刚，贺刚，顾平生，等，2010. 充分利用滇南小耳猪资源优势促进云南优质肉猪产业化发展 [C]. 2010 中国猪业进展论文集.

李志娟，高士争，潘洪彬，等，2013. 不同 H－FABP 基因型滇南小耳猪脂类合成代谢相关基因表达水平研究 [J]. 中国细胞生物学学报，2013（5）：661－667.

连林生，李虹，张利辉，等，1987. 版纳小耳猪阴囊疝遗传方式及其测交方法的初步探讨

[J]. 东北养猪 (4): 5.

连林生，徐家珍，张柱昌，等，1986. 版纳小耳猪胴体性状遗传参数的估测及几个活体性状与瘦肉率相关分析 [J]. 云南农业大学学报 (自然科学版) (1): 101 - 106.

林万华，黄路生，任军，等，2002. 中外十个猪种 H - FABP 基因遗传变异的研究 [J]. Journal of Genetics&Genomics，29 (1): 12 - 15.

刘中禄，曾养志，1995. 中国三种实验用小型猪 mtDNA D-loop 多态性分析 [J]. 动物学报，47 (4): 425 - 430.

娄义洲，张念严，1982. 滇南小耳猪几个性状遗传参数的研究 [J]. 遗传，4 (3): 13 - 16.

鲁绍雄，连林生，2003. 一个适于大型畜群近交程度分析的 SAS 过程 [J]. 中国牛业科学，29 (6): 24 - 26.

鲁绍雄，连林生，2013. 滇南小耳猪种质资源研究进展与开发利用 [J]. 中国猪业 (1): 165 - 167.

吕绎如，王永明，有开龙，等，1990. 滇南小耳猪胴体骨骼生长测定分析 [J]. 云南畜牧兽医 (4): 16 - 18.

吕绎如，王永明，有开龙，等，1990. 滇南小耳猪胴体主要组织异速生长的研究 [J]. 云南畜牧兽医 (2) .

吕绎如，严子键，黄凤兰，等，1982. 滇南小耳猪生理常值测定 [J]. 云南畜牧兽医 (2): 2.

齐晓园，马黎，李明丽，等，2016. 育肥方式对滇南小耳猪脂肪酸组成的影响 [J]. 云南农业大学学报 (自然科学)，31 (6): 1012 - 1017.

齐晓园，张露露，马黎，等，2016. 育肥方式对滇南小耳猪生长、胴体性能和肉质的影响及经济效益分析 [J]. 畜牧与兽医，48 (9): 27 - 31.

宋成义，经荣斌，陶勇，等，2001. 猪 GH 基因部分突变位点对生产性能的影响 [J]. 遗传，23 (5): 427 - 430.

王慧建，李彦林，陈建明，等，2014. TGF - β3 基因转染诱导滇南小耳猪 BMSCs 向软骨分化的初步研究 [J]. 中国修复重建外科杂志 (2): 149 - 154.

王灵芝，2004. 新时期西双版纳旅游吸引力提升的研究 [D]. 昆明：云南大学.

王明，郭秀英，刘真真，等，2011. Weitzman 方法及其在畜禽品种遗传多样性保护中的应用 [J]. 中国畜牧杂志，47 (9): 9 - 13.

王伟，魏雪锋，赵雪，等，2013. 滇南小耳猪细胞生成素 (MyoG) 基因多态性的研究 [J]. 云南农业大学学报，28 (4): 482 - 487.

王文君，陈克飞，任军，等，2003. 中外不同猪品种生长激素基因遗传多态性检测 [J]. 农业生物技术学报，11 (1): 103 - 104.

王文君，陈克飞. 2002. 生长激素基因 (GH2) 多态与猪部分生产性能的关系 [J]. 遗传学报，29（2）：111－114.

王昕，2001. 中国部分地方猪种微卫星DNA指纹的群体遗传学研究［D］. 杨凌：西北农林科技大学.

王昕，曹红鹤，耿社民，等，2002. 利用微卫星标记对中国4种小型猪的遗传多样性研究［J］. 畜牧兽医学报，33（6）：530－532.

王鑫，李彦林，金耀峰，等，2014. MP－2、TGF－β3重组腺病毒载体的构建及其在滇南小耳猪BMSCs中的表达［J］. 中国修复重建外科杂志（7）：896－902.

王彦芳，2004. 猪PA28和PA700基因家庭相关基因的分离、定位、SNP检测及其与性状的关联分析［D］. 武汉：华中农业大学.

谢在春，郭卫真，卢东荣，等，2012. BMP2诱导C3H10T1/2细胞成软骨分化的分子机制研究［J］. 广州医学院学报，40（2）：11－15.

徐海军，都文，李亚君，等，2009. 日粮能量水平对肥育猪肌内脂肪含量、肌内和皮下脂肪组织脂肪酸组成的影响［J］. 畜牧兽医学报，40（7）：1019－1027.

杨洁鸿，李星润，胡伟，等，2018，云南三个地方猪种肌肉脂肪酸组成分析［J］. 家畜生态学报，39（1）：45－49.

杨洁鸿，马黎，李明丽，等，2017. 5个云南地方猪种肌肉氨基酸比较与评价［J］. 养猪（2）：65－68.

余永华，2015. 滇南小耳猪母猪的繁殖技术［J］. 云南畜牧兽医（1）：4－5.

郑东，杨述华，冯勇，等，2007. 工程化生长转化因子β3促进软骨前体细胞向软骨分化的实验研究［J］. 南京医科大学学报（自然科学版），27（6）：558－561572.

郑红，李波，角建林，等，2009. 滇南小耳猪电刺激采精及精子功能的检测［J］. 上海交通大学学报（农业科学版），27（1）：45－47.

郑红，李波，杨世华，等，2010. 滇南小耳猪精液的直接冷冻保存［J］. 中国比较医学杂志（6）：61－65.

钟婷婷，高士争，黄英，等，2013. 不同H－FABP基因型滇南小耳猪脂滴蛋白相关基因表达差异研究［J］. 畜牧与兽医，45（10）：26－30.

朱琳，张露露，马黎，等，2016. 云南地方猪种肌肉营养成分分析［J］. 上海畜牧兽医通讯（2）：14－16.

Eding H，Meuwissen T H E，2001. Marker-based estimates of between and within population kinships for the conservation of genetic diversity［J］. J Anim Breed Genet，4：141－159.

Fan H，Tao H，Wu Y，et al，2010，TGF-β3 immobilized PLGA-gelatin/chondroitin sulfate/hyaluronic acid hybrid scaffold for cartilage regeneration［J］. Journal of Biomedical Materials Research Part A，95（4）：982－992.

Li Z，Kupcsik L，Yao S J，et al，2010，Mechanical load modulates chondrogenesis of human mesenchymal stem cells through the TGFβ pathway [J]. Cell Mol Med，14（6）：1338 - 1346.

Reist - Marti S B，Simianer H，Gibson J，et al，2003. Weitzman's approach and conservation of breed diversity：an application toafican cattle breeds [J]. Conserv Biol，17：1299 - 1311.

Simianer H，Meyer J N，2002. Past and futures to harmonize farm animal biodiversity studies on a global scale [J]. Asch Zootec，52：193 - 199.

Thaon D C，Foulley J L，Ollivier L，1998. An overview of the Weitman appraoach to diversity [J]. Genet Sel Evol，30：149 - 161.

Wang Z，Li Q，Chamba Y，Zhang B，et al，2015. Identification of genes related to growth and lipid deposition from transcriptome profiles of pig muscle tissue [J]. PLoS ONE，10（10）：e0141138. doi：10. 1371.

Weitzman M L，1993. What to preserve? An application of diversity theory to crane conservation [J]. Q J Econ：157 - 183.

图书在版编目（CIP）数据

滇南小耳猪 / 刘建平，严达伟主编．—北京：中国农业出版社，2020.1
（中国特色畜禽遗传资源保护与利用丛书）
国家出版基金项目
ISBN 978-7-109-26720-6

Ⅰ.①滇… Ⅱ.①刘… ②严… Ⅲ.①养猪学 Ⅳ.①S828

中国版本图书馆 CIP 数据核字（2020）第 051431 号

内容提要：猪种资源是生猪产业发展的物质基础和育种创新的战略资源。滇南小耳猪是分布于云南省北纬 25°以南的西双版纳、普洱、德宏等 7 个州（市）的华南型地方猪种，具有早熟易肥、皮薄骨细、肉质细嫩、鲜香细糯的特点。本书系统介绍了滇南小耳猪的品种起源、特征特性、营养需要、饲养管理、疫病防控、场建环控、品牌开发，既可作为教学、科研单位师生和科研人员的参考用书，也可作为滇南小耳猪从业者的指导用书。

中国农业出版社出版
地址：北京市朝阳区麦子店街 18 号楼
邮编：100125
责任编辑：周晓艳
版式设计：杨 婧 责任校对：赵 硕
印刷：北京通州皇家印刷厂
版次：2020 年 1 月第 1 版
印次：2020 年 1 月北京第 1 次印刷
发行：新华书店北京发行所
开本：720mm×960mm 1/16
印张：9.5 插页：2
字数：164 千字
定价：71.00 元

彩图1　滇南小耳猪后备公猪侧面

彩图2　滇南小耳猪后备母猪侧面

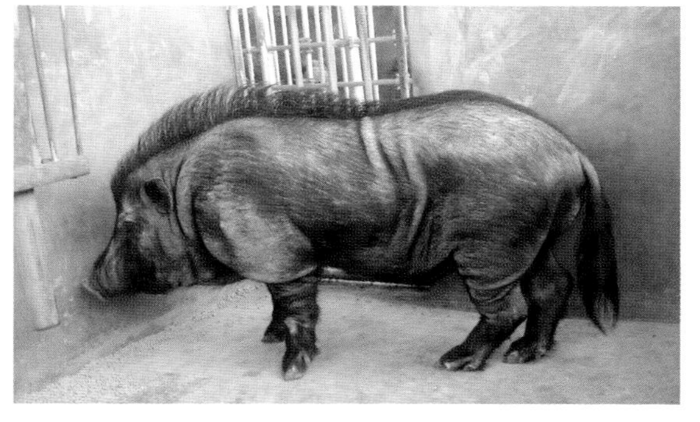

彩图3　滇南小耳猪成年公猪侧面

彩图4　滇南小耳猪成年公猪头部

A

B

彩图5　滇南小耳猪成年母猪侧面（A和B）

彩图6　滇南小耳猪妊娠母猪侧面

彩图7　滇南小耳猪群体

彩图8　农户散养的滇南小耳猪栏舍

彩图9　林下自由觅食的滇南小耳猪

彩图10　农户就地取材制作的滇南小耳猪栏舍

彩图11　热带雨林下的滇南小耳猪开放式猪舍

彩图12　滇南小耳猪青绿饲料——芭蕉茎秆

彩图13　滇南小耳猪纯瘦肉

彩图14　滇南小耳猪里脊肉

彩图15　滇南小耳猪鲜肉

彩图16　滇南小耳猪五花肉

彩图17　滇南小耳猪筒子骨

彩图18　滇南小耳猪扇子骨

彩图19　滇南小耳猪排骨

彩图20　滇南小耳猪猪蹄

彩图21　滇南小耳猪有机猪肉

彩图22　滇南小耳猪有机鲜肉肠

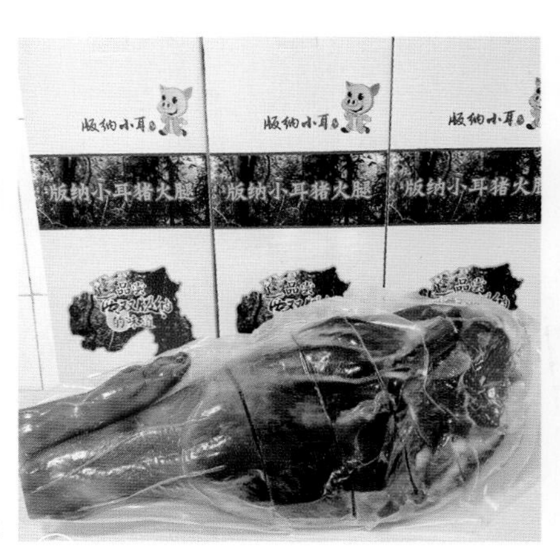

彩图23　滇南小耳猪火腿

彩图24　滇南小耳猪香肠

彩图25　滇南小耳猪小腊肉

彩图26　滇南小耳猪香猪油

彩图27　滇南小耳猪凉白肉

彩图28　滇南小耳猪Q弹扣肉

西双版纳邦格牧业科技有限公司：

你单位"版纳小耳"滇南小耳猪鲜肉 荣获第十四届中国国际农产品交易会参展农产品

金　奖

第十四届中国国际农产品交易会组委会

二〇一　　·昆明

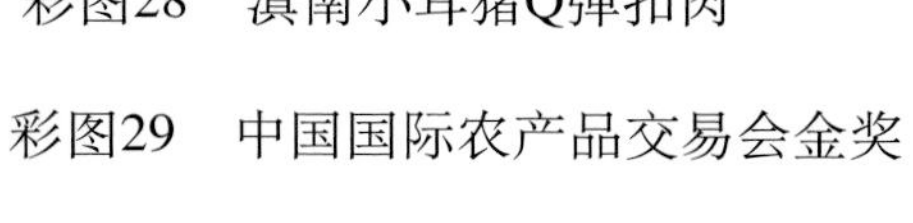

彩图29　中国国际农产品交易会金奖